地方美食力

才料理人
好食材變成世界級美食
地方創生戰略

奧田政行 著

常常生活文創

想讓自己生活的地方創生，
就先從全世界的角度來觀察。
有什麼？
缺少什麼？
優點是什麼？
缺點是什麼？
在全世界，
在日本，
有獨一無二的東西嗎？
為什麼我所在的地方，
會流傳這道料理呢？
為什大家會喜歡這種味道？
了解這些，
未來會誕生什麼新的料理，
自然就能夠看得見。

四季最鮮明的地方，
明治維新時期被孤立
的地區，
仍留有許多傳統作物。

中央地溝帶以北，
日本本州的東北部，
奧羽山脈的西側。

氣候溫暖濕潤，
與大陸分隔，陸地堆積火山灰。

地球北半球的島國，
南北狹長。

愛上自己所在的地方。

想知道各種事物。

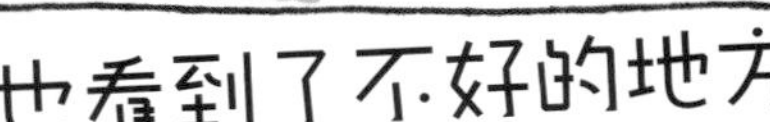

不斷調查了解。

也看到了不好的地方。

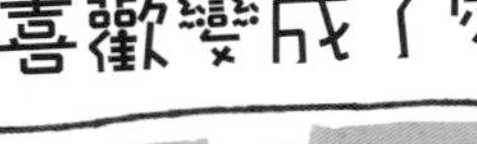

但那全都是自己土地的一部分。

喜歡變成了愛。

產生覺悟。

產生勇氣。

自己不在之後，能留下什麼給這片土地。

自己要有所行動，做出改變。

目錄

第1章 如何打造一間讓地方創生的餐廳？

撿拾漂亮且發著光的石頭。
磨著磨著，
好像很好玩耶！
人群就此集結而來，
大家開始一起磨石頭。

之後，
聚集了更多的人，
告訴我們，
這石頭好美啊！

把根植於土地的飲食習慣，
轉化為飲食文化，
這就是地方創生的第一步。

阿爾卡契諾
如何成為大受歡迎的名店？

三十一歲時，我用一百五十萬日圓，開了阿爾卡契諾（Al-ché-cciano）。這間店位在庄內平野的廣大田野中，離鶴岡市中心有一段路程。也就是說，並不是客人很容易前來的地方。

以時間距離來表現的話，假設從東京出發，以東京車站為起點，搭乘JR大約需要四小時左右，如果搭飛機的話，加上與機場之間的交通時間，大概要兩個半小時。而且離餐廳所在位置最近的車站，沒有新幹線經過。那附近當然也沒有主題樂園。

這是一間開在鄉下地方，只有三十六個座位的小餐廳。

即便如此，北從北海道，南至沖繩，甚至遠從海外，有許許多多的客人前來用餐。

當然，並非一開始就生意興隆，大概從第二年起才開始忙碌。到了第四年，有雜誌前來採訪，報導登出後，來自全日本的客人蜂擁而至，變成預約爆滿的餐廳。

從開店起，歷經好幾年光陰，我著力最深的就是：了解地方，以及磨練解讀時代潮流的能力。

仔細觀察散落在各個地域的特色，思考如何排列組合、如何表現？好吸引大家的注意，並反覆嘗試。

我的方法是：

①收集散落在地域各地的原石（食材）。

②將這些原石一個一個磨光打亮，成為品牌。

③與在地人一起創造豐盈的地域。

我把我的店當成據點，落實這些方法。

人只要肚子餓了，就會想吃東西，我很重視這個原理。

進食時，人會在進食的場所待上一會。因此，透過食物，在這段時間內，盡量傳達這個地方的資訊。

在阿爾卡契諾裡，我們所端出來的料理，可說是庄內市的縮影。來到這裡，只要看到黑板上所寫的菜單，就等於看見整個庄內市。菜單的品項有一百多種，在「主廚套餐」裡，盤子上所裝盛的，是庄內地方的觀光景點。

從庄內的海上、岸邊、湖濱、平原、河川、山野，一直到庄內的山裡，盤點當天庄內裡「最好的食材」。套餐平均有十一盤料理，最多時有十五、十六道。

我們希望客人們能享用全部的料理，所以在調理時盡量少鹽，也會控制用油量，為了不讓客人有吃膩的感覺，每道料理之間的味道轉換，都下了一番功夫。

除了滿足客人的口腹，我們也希望填飽客人的腦袋，因此在座位旁邊，會放置食材的生產者、培育環境的說明。

就這樣每天持續地做料理、傳達庄內的消息，我們得到比預期更大的回響。

在這之前，我們用了很多方法。這當然不是我一人的功勞，而是眾多深愛這個地方的人的努力成果。

接下來我就來公開我們所使用的所有戰略。

活化地方最有效的方法就是餐廳

使用料理，全力傳達地域的魅力。

為了故鄉，這是我給自己的任務。

我認為，能夠讓吃了這道料理的人，感受到「庄內真是個好地方」，這是活化地方的第一步。

但是，為什麼是料理？

「能在那裡吃到」、「獲得感動」，之後，「很想跟別人說」。

第三點是最重要的。

各位的地域裡，最讓你感到驕傲的，先設定為古蹟名勝好了。有名的歷史建築、能欣賞雄偉景色的大自然，想必都會烙印在訪客的心中。

但是，能勝過這些的，就是「食物的回憶」。

跟日常不同的空氣、與日常不同的景色，加上旅行的興奮感，感受度也變得比平常更為敏銳。

在這種時刻，眼中所見、耳朵所聽，都比不上味道的記憶。

但也不是說，只要是吃的，就什麼都好。

店內就算擺滿生鮮，但沒有辦法當場享用，光靠語言要傳達那些食材的美味，也很有限。

若是初次遇見的食材，就更加困難。僅限少數有興趣的客人會購買了吧。

就算宣傳得很好，客人買回家了。但是一回到家，調理這些食材的是購買的人。

要能引出食材的最大優點，對第一次調理這種材料的人而言，有其難度。特別是像傳統作物，這種具有強烈個性的蔬菜，具有特殊的風味，更難上加難。

這時就輪到餐廳出場了。

為了那些來到阿爾卡契諾的客人，能夠吃到引出食材最大美味的料理，我可是盡了全力。

我開發了各種以在地作物為主角的料理。而且手法不限義大利料理，也用了和食、法式料理、中華料理的技巧。不同的蔬菜，使用不同的手法。

使用這裡才有的食材而設計出的料理，全世界就只有這裡才吃得到。

在鶴岡市的藤澤地區，至今只有一戶農家還在種植傳統物種——藤澤蕪菁。

以藤澤蕪菁為主角，而設計出來的菜單，我命名為「藤澤蕪菁和庄內豬肉的燒畑風景」。

製作料理，最重要的，就是面向生產者。

讓製作食材的人品嘗料理，讓生產者再度認知，自己生產出來食材具有獨特的美味，將會使他們更加努力，培育出最美味的食材。

一項食材裡，包含著多少心思。把這當成料理的起點，就能端出完美的料理。

藤澤蕪菁的料理推出之後，隔不久就接到預約的電話，電話那頭指明「想要吃藤澤蕪菁的料理」。

我們都很不可思議，客人是從哪裡得知的？原來是吃過的客人口耳相傳。

接著，連雜誌社的人也來這裡，點了蕪菁料理。告訴我們，「真的非常的好吃。」然後就登在雜誌上了。

接下來，電視台也來採訪了，還幫我們製作了全國播放的電視節目，在節目中，有名的主廚說：「太好吃了」。

漸漸地，阿爾卡契諾打響了知名度，來自日本各地的客人，以及海外的客人，都來到這裡，享用以庄內食材為主角的各式料理。

美味的食物能夠緊抓住人心不放。

用眼睛欣賞、用舌頭品味，吞下去時的滿足感直達胃部，滲入每個細胞，烙印在記憶深處。這都是從美食所體驗到的。

「在那裡吃到的，真的好美味啊。」

回憶變成了上述的句子，從口中彈跳出來的句子，又帶來更多的客人。

我確信，要宣傳農漁產品，沒有任何方法能夠勝過料理，這也就是與「下一個需求」有關。

希望客人購買的食材，如何讓對方感受到它到底有多美味呢？

直接在產地，引出食材的最大潛力。料理就是最好的表現方式。

這就是在地餐廳的功能。

消費者、生產者，都能再次發現食材的魅力，我希望這裡能成為讓大家雀躍不已的地方。

「還有啊～」這句話，用庄內地方的方言來發音，就是阿爾卡契諾，店名帶著這樣的期望。

◆建立散播資訊的據點

用百圓店的盤子開始的餐廳

我在東京學習料理回來後，就職於鶴岡車站前的飯店，升任料理長之後，被交付負責一間農家餐廳。

三十一歲時，總算擁有了自己的餐廳。

因為資金不多，所以只能盡量找租金便宜的地方。

好不容易找到的，是遠離市中心郊外的一間店面。感覺這裡並不是會聚集人潮的地段，所以附上可停十三輛車的停車場，每月租金只要十萬日幣。

在日幣百圓店和家庭用品量販店採購盤子、刀叉、玻璃杯等餐具類用品，以及窗簾、桌巾、椅子和打掃用具。買來的物品塞滿了車子，就這樣來來回回了好幾趟。

接著就沒有購買廚房器具的預算了。我們所有的，只有原本喫茶店使用的五口火力不強的瓦斯爐，以及家庭用烤箱。雖然稱不上充分，但毫無不安。

不需要從一開始就備齊廚房用品，沒有，反而更好。

因為使用現有的道具，操作過程中，會激發出屬於自己的技巧與創意。

開業之前，我工作的農家餐廳，除了流理台外，就只有一台家庭用的瓦斯爐。

義大利餐廳的廚房，只有兩口火爐，那真的是相當艱困的經驗。

其中一口火爐，整天都放著煮義大利麵的大鍋。

而另一口爐火，則用來應付相繼送進廚房的各式義大利麵點菜單。火力微弱的關係，能夠調理的內容也相當有限，但即使如此，我也沒有自暴自棄，對菜單絲毫不妥協。

每天在這兩口火爐間，骨碌碌般轉來轉去的忙碌經驗，對我而言已經成了寶物。那時，在有限的道具

從各種方法中產生的智慧

●急著把水燒開時

把所有的火爐全部開火，在上面放平底鍋。一旦加熱之後，再倒入少量的水，等水燒開之後，再把水一點一點加入，等到所有平底鍋內的水都沸騰之後，再全部倒入大鍋內。這比起一開始就用大鍋燒水，還要來得快。

●使用保鮮膜製作簡易壓力鍋

這是瓦斯爐口不夠而產生的創意。如何讓套餐菜單裡的肉湯，要保溫又要同時保有最佳火候時的調理方法。在煮義大利麵的熱水鍋中，放入裝有材料且覆蓋保鮮膜的鍋子。營業時間中，一直浮在水面上，鍋內的空氣會使保鮮膜膨脹起來，但液體本身不會沸騰。這種恰到好處的火候，可以煮出澄淨的肉湯。

照片中就是營業時間中，義大麵備餐用的保溫小鍋子。

1 沿用原來店鋪的裝潢，現在也幾乎都沒有動過。我很喜歡這種家庭式的氛圍。
2 牆壁是自己油漆的，每當看到這面牆，都會提醒自己莫忘初衷。
3 百圓店買來的盤子，在店裡用了三年多。盤子雖然便宜，但料理的手腕可是年年進步。
4 開店時拍的紀念照。雖然沒有什麼錢，但是那股幹勁卻有百分之一百二十。

下，自己找出來的調理方法，在現在的廚房中，依然派上用場。

只用過便利道具的料理人，一旦沒有那些道具，就做不出菜了。

最近的廚房裡，有很多都有購置水蒸氣烤箱，這是一種可以自動調整溫度以及濕度的高級道具。而在這種廚房學習的年輕學徒，大概會以為，若沒有這種機器，就做不出料理了吧。

拜在什麼都沒有的農家餐廳工作的經驗所賜，舉凡在國外設備不足的活動現場、三一一日本大地震時的戶外辦桌，不論什麼樣的狀況，我都能一一克服。

沒有道具時，就有沒有道具時的方法。產生的智慧與方法，是金錢也買不到的。

所以，我建議準備要開店的人，不需要一開始就購買大量的設備，從負債出發。盡可能減少資金壓力，接下來再慢慢補足設備。

這樣，更容易感受到完成自己店面的成就感，享受每一天不斷變化的樂趣。

保有高級感卻能降低成本的方法

- 裝飾的繪畫，畫框很貴，但繪畫是從圖集中剪下來的。
- 料理雖然用百圓店的盤子，但唯有前菜盤是高級品。
- 用舀香辛料的小匙代替咖啡匙，只要三十八圓日幣。如果是一般的咖啡湯匙，要價四百圓日幣。
- 窗簾軌道用的是便宜貨，但窗簾本身很貴。
- 西洋食器品牌做的和食餐具很貴，但和食餐具的品牌所生產的西洋食器卻很便宜。
- 使用日幣一千八百圓的土司烤箱，這類烤箱上層的遠紅外線熱源，用來烤魚綽綽有餘。
- 專業廚房用的平底鍋相當貴，所以採用一般的不沾鍋，家庭用品量販店賣得更便宜。
- 椅子去家具店找瑕疵品，原價兩萬八千圓日幣的東西，六千圓日幣就可買到。
- 訂做搭配椅子的桌子。如果反過來，訂購搭配桌子的椅子，椅子的數量太多，會比較貴。
- 利用簡單桌上型瓦斯爐以及炭火爐等，尤其是插電式的烤盤，用來烤搭配主菜的蔬菜，非常方便。

不必拘泥於一定要使用專業廚具！只要料理好吃，不在乎用什麼工具！

◆建立散播資訊的據點

在黑板上寫菜單，解決所有問題

～無論忙碌時、閒暇時，或是實現在地生產在地消費，都非常好用

我們決定將菜單寫在黑板上。想要在鄉下開餐廳的人，我極力推薦這個方法。

不過，把菜單寫在黑板上的這項創意，其實是偶然發現的。

我們所租的這間沒有改裝過的中古建物，前身是兼賣輕食的喫茶店。最顯著的牆面上，貼著「牛排&紅酒」的紙條。

看起來太醜，動手想把它撕下來，結果反而留下更醜的痕跡。

真是傷腦筋！乾脆把它們全部遮起來。

所以我們就去買了最大尺寸的黑板。把牆面遮起來的同時，就想到「對啊，我們就把菜單寫在上面就好了啊。」

所以，每天的菜單就全都寫在這塊黑板上，至今已有十五個年頭。

製作紙本菜單的話，要設計費、印刷費，還有紙的成本，相當花錢。而且一旦做了紙本菜單，等於自綁手腳，得依菜單來進貨。

不同季節就有不同的食材出現，每天有不同的狀況發生，當天的菜單以及價格就會產生變動，對小型餐廳而言，用黑板寫菜單，真的是非常珍貴的創意。

反過來說，也可以經常變動菜單以及價位，提高店內的營業效率。

海上天候不佳，魚獲變少時，就把前一天寫得密密麻麻的黑板擦掉，菜單雖然變少，但可以把字體變大，一樣可以寫滿黑板。

此外，賣完的料理，也可以直接擦掉。若是只能提供一道料理的話，也可用大字寫在黑板上提醒客人。

黑板菜單還有一個非常方便的好處：就是希望客人點的菜，可以利

用黑板操控。

餐廳每天都要進很多貨，有時會進到大量便宜又好的食材。想利用這些便宜又好的食材，多做幾樣料理。想歸想，客人也有自己想吃的食物，不一定全盤接受。

所以，我會施展這個小技巧。希望客人點的料理，我會用有躍動感的圓形字體，寫在最顯眼的地方。

此外，若是有大量點單，廚房會忙得不可開交，因此若有自認好吃，很希望客人點的這一類菜單，會刻意用比較笨拙僵硬的字體，寫在黑板的邊角。

不可思議地，訂單就如同之前的預測般地分散。

還有一點，黑板菜單還能預防「午餐倒閉」。

午餐時間大排長龍的店，卻突然倒閉關門大吉。這是真正發生過的事。

店家將單價較高的晚餐所使用的材料，用在隔天的午餐上。店家自認，「午餐是破盤價」，但是客人想的卻是，跟午餐相比，「晚餐太貴了」。

為了吸引客人晚上上門，店家製作傳單，在午餐時段發送。花了廣告費，卻無法提高營業額。降低午餐價格，是惡性循環的開始。

在此，最有效的方法就是使用三塊黑板。

第一張寫著前菜，第二張是義大利麵和燉飯等料理。第三張則是主菜的魚、肉料理。

前菜以及主菜的黑板菜單寫著「烤鰈魚佐酸酸的高麗菜，軟骨也要一起吃下去哦！」、「朝日村的山葡萄搭配醃過酒醋的丸山先生飼養的烤羊肝」、「紅椒燉豬腿肉、搭配勇氣！」

諸如此類的，需要吞口口水才能繼續念完的菜單名稱。誘發客人想嘗試的欲望後，寫著前菜與主菜菜單的黑板上方，加註「僅限晚餐供應」。

客人產生了想吃的欲望之後，別無他法，只好晚上再來了。

三塊黑板的作戰方式，讓遠離市中心的阿爾卡契諾，不管白天或晚上，都能高朋滿座。

只寫著晚餐菜單的兩塊黑板，代替了傳單的印刷費。

一定會用在地的蔬菜

～與地方農家友好

我從一開始就決定，店裡要使用在地的食材。

打從在東京當學徒時，我就明白，從庄內送過來的食材有多麼優秀。

那時起，我就想開一間讓客人吃到在地農產的店。我想到的是「在地義大利餐廳」，這是本店招牌。

鬥志高昂的我，滿心想要用在地食材來做料理，結果，開店馬上就遇到瓶頸。

我根本無法採買到足夠的在地食材。

當時不像現在一樣，有產地直銷的販賣場所，通常都是在各地方的批發市場中流通。餐廳想要使用的量少的在地蔬菜、魚以及肉類，怎樣都找不到進貨管道。

我開始焦慮。明明就在身旁的農地，有那麼多的蔬菜，我卻找不到購買的方法。

我決定直接去拜訪農家。

向正在農地裡工作的農民開口，拜託他們賣我一些蔬菜，但都得不到農家的首肯。

當時蔬菜的流通，主要是以農協（類似台灣的農會）為主。農民把貨交給農協，彼此都有默契，不能將產品輕易賣到別的地方。但我不知道有這些規則，因此拜託了他們好多次。

一開始他們當然馬上拒絕了。但接著，他們逐漸了解到我們的目的之後，便說明，「即使我們想賣給你也沒有辦法，這就是規定啊。」

原來如此！總算明白了。但我也是在拚命啊。於是就想到「如果不能賣的話，那我們來以物易物嘛！」，沒有金錢交易，就不能算是交易了吧。

這就是由阿爾卡契諾為仲介，所成立的以物易物網絡。

好比我們店裡進了豬肉。於是我就把豬肉拿跟去種植小芋頭的農家，用豬肉換小芋頭。

有魚的話，就把魚帶去喜歡吃魚的茄子農家，用魚來交換茄子。

如果是紅酒的話。重點就來了。

餐廳使用的紅酒，進貨的價格是一瓶一千日幣，但是同樣的東西，在商店內賣一千三百圓。從農家那裡換來一千日幣價值的蔬菜，等於農家賺了三百圓。

和牛的話，進貨價格是一百公克八百日圓，但一般百貨公司因為考量到廢棄成本以及零售價格，一百公克的訂價約落在一千五百日圓左右。如果拿八百日圓的蔬菜跟八百日圓的和牛交換，農家所獲得的額外利益是七百日圓。

「拿蔬菜跟奧田先生交換，換來的是寶物啊。」農家個個都很開心。

進一步跟關係友好的農家拜託的話，他們甚至願意為阿爾卡契諾闢建專用的農地，進行生產管理。

就這樣，我的店開始一點一滴地網羅在地的蔬菜。

教我農業知識的井上馨先生。成熟後才收成的「樹熟番茄」，有著絕佳的甜味以及酸味，是番茄味十足的蔬菜。井上先生種的小松菜，生吃非常清脆，帶有恰到好處的苦味。我將之命命為「超級小松菜」，在東北地區引起一股流行，超市跟百貨公司都搶著進貨，不少農家也跟著開始種植這種小松菜。

◆建立散播資訊的據點

料理人的休日是這樣過的

~把找尋食材當興趣

鳥海山下，遊佐町的吹浦海邊，來到這裡，就能解開庄內牡蠣美味的秘密了。

年輕的料理人想要獨立開店，迎面而來的難關，就是開發新菜單。新的店面需要的，是沒有人做過，全新而富有魅力的一盤決勝料理。有時這一盤會成為店裡的招牌料理，招來更多客人。

回顧這十五年，年輕時，剛擁有自己店面，也為了開發新菜單而痛苦不已。

假日，總算有了屬於自己的時間，但因為生活費有限，也沒辦法買好一點的魚或肉，在家試作料理。

那時，我想到的是，就去可以買到便宜食材的地方吧。

比如魚類。

岩牡蠣淋國王菜（即長果黃麻葉，埃及人稱之為 molokhiya）醬汁。這是從農家餐廳時代起就極受歡迎的菜。

店休的日子，我會一大早起床，與妻子一同前往鰤魚的產地冰見港，或是鮪魚的知名產地大間港。把難得休息一下、想出去走走散散心的太太也一起帶去的話，首先就能避免夫妻吵架。

開車兜風，一邊欣賞沿途景色，抵達目的地的港口，先舔一口海水的味道，接著觀察靠岸的船隻。可以從船的形狀，判別採用的是哪一種捕魚方法，探索為什麼這裡的魚可以成為名牌。有時還可以跟漁夫聊天，問一些問題。

到漁港附近的食堂，可以得知當地的吃法。在直賣店買到便宜又新鮮的上好食材，思考如何把剛買好的魚貨，做成隔天的料理，然後回家。

交通費可以加到食材的進貨成本中，由店裡支付。這可算是一石三鳥、不，是一石四鳥的一日小旅行。

這種旅行已經成為我的生活型態，現在也持續中。

我建議年輕的料理人，若是想及早獨當一面，那就一定要把找尋食材一事當成興趣。

●前往漁港時，一定會走到海岸

前往漁港時，請一定要走到海岸。我一定會特地走到海岸，舔一口海水，確認海水的味道。

鳥海山（位於山形與秋田縣境的活火山）下的吹浦漁港，大家都知道那裡孕育著極美味的岩牡蠣。

實際走訪海邊，會發現那裡有著不可思議的風景。

沙灘上有好幾個大的水窪，其中不斷有水湧出來。

那是鳥海山的雪融化之後，流經地下層，再從沙灘上湧出來的雪水。

含有山林豐富礦物質的融解雪水經由地下，從海邊湧出來。

舔一口當地的海水就知道，並不會很鹹。

在這種地方所採的岩牡蠣，肉質軟嫩，帶有透明感的味道。

吹浦的牡蠣為什麼比較好吃？這是確認過海水的狀態後，才能獲知的資訊。

鳥海山下，遊佐町的吹浦海邊，來到這裡，就能解開庄內牡蠣美味的秘密了。

來到位於附近的牡蠣直賣店，羅列著比平常進貨價格還要便宜一半的巨大牡蠣。隔壁就有調理台，可以剝開享用，也可以立刻烤來吃。

在這裡大口吃著牡蠣的同時，我也發現，每顆牡蠣的味道都不同。

殼比較大，長得平坦的牡蠣，跟鼓得像拳頭般的牡蠣，把殼剝開時，內部呈現透明感的白色、以及帶點黃色的黑色部份，味道的深度、濃厚度以及苦味都不一樣。

能夠發現這些差異，都是因為可以用便宜的價格吃很多的關係，而這也是日後在魚店挑選魚貝時的重要訓練。

直賣店旁的熟食區也值得觀察。

從賣得最好的熟食，知道當地居民的喜好。打開擬好的進貨單，就可以帶著大量的岩牡蠣和鮮魚回家了。

●休假日時剛好喝光一瓶葡萄酒

我每個禮拜休一天假，那天，我一定會喝完那週的一瓶葡萄酒。

一瓶葡萄酒大約是七杯的量。一天喝一杯，一瓶可以喝一個禮拜。

如此一來，葡萄酒的味道就能記入腦海以及心裡。

怕自己忘記，還會把分析出來的味道記在筆記上。

知道一天的工作結束後，深夜時分，有一杯葡萄酒在等著我，這樣一來就更有幹勁了。

二十五年來，每次喝到新的葡萄酒，我都會附上酒標做記錄，從這些累積當中追尋自己的滋味。

分析法

法
船出海的海域
魚類的生態
後方的山較高的話，河川的流速會比較快，上游→下游→海洋，海底小石頭較多以及砂灘山的表層流下來的雨水，含有豐富的氮以及磷素。
洋，
砂
會變
底的
海港後方的山是闊葉林以及照葉樹，通過落葉流下來的雨水成為河流再流入海裡。
河川
段差
海浪打上來時，經由砂石過濾，看得出來是砂灘。
少有淡水流入的海域的港口，鮮味較少，味道順口，生魚片口感佳。
從岩石的顏色可以看出附著在那裡的海藻，所以要觀察岩石的顏色。
早市
當地販售
運到遠方販售
黃昏市集
磯見漁
利用小船採收蠑螺、鮑魚、石蓴、海藻。
生活在海岸的魚，會帶有那裡海藻的味道。
沒有河川的海裡的魚，鮮味雖然比較少，但口感佳，適合做成生魚片，有香味。
一本釣漁法
一根釣竿加掛勾釣魚法可以釣到平鮋、平目、鯛魚、鰤魚、烏賊，新鮮且品質佳。
定置漁網
固定掛在那裡，裡面的魚有可能早就死亡，魚身可能也有傷口，要有挑選的眼光。
流刺網
向游動的魚的方向撒網，魚被刺到後就逃不了，但因魚受苦楚的關係，味道不佳。
鱈魚、
松葉蟹
水深
100m~
200m
600m
前後
底曳網
將魚餌放進籠裡沈到海底，等候魚以及貝類進來吃餌時捕獲。
水深400m~800m→貝類
水深超過800m→松葉蟹

漁港的
死亡之後
到達店裡
所花的時間。
產季
產地
鮮度與
處理方法
漁貨的處理
海水的香味就是
海藻的香味。
山與海
的距離
愈短，
海中會有
泉水湧出。
海域
切斷
神經
大河流
會產生
以及泥
小河的
小石頭
魚的味
會有變
存在於魚皮
的海水香味
冰鎮
放血
海水冰鎮
海的顏色
紫色
水溫2.2℃
藍色
6℃
深綠
7℃
綠
11℃
明亮的綠色
12℃以上
不同水溫，
海水顏色
也不同。看到
顏色就能預測
會有什麼魚
沿岸流
從停泊在港口的船可以知道
在港口卸的漁貨是遠漁業
還是近海捕的
浮延繩
真鯛、日近鮪魚、
櫻鱒
底延繩
鯛魚、紅喉魚、鱈魚
延繩漁業
一根根掛在魚身上，所以魚身
不會受損，少量收網，
所以捕上來的魚的狀態比較好。
與定置網相比，布置在海岸的
關係，可以得知捕獲的地點。
淡海水混雜的海域，鮮味
多，水分也多，燒烤的話會
比較好吃但香味較少。
因為氮以及磷
的關係，浮游
生物很豐富。
鮭魚、鱒魚
幼鰤魚、
鰤魚
冬
寒
流
海底的
無機物也
被捲上來
鰈魚、平目、
鮟鱇魚、甜蝦
卷網漁
利用魚群探知機
來確認魚群的場所
當天捕獲的魚立刻
送到港口，所以很
新鮮。
底曳網
一 船隻拖曳漁網，擷取海底附近
的魚類，當天回到港口，
所以很新鮮。
海洋
深層水

◆建立散播資訊的據點

一無所有的極致，就是打開了新境界

～金錢買不到的創意

總而言之，沒錢的我，開了一家店。所能靠的，只有智慧、創意以及自己的努力。

早上七點出門去買魚，然後在各個農家以物易物。中午前，回到店裡準備開店；下午兩點過後，再到各農家收集食材；傍晚回到店內，準備晚上的營業。打烊之後，直到半夜三點左右都在準備隔天要用的材料，一天大約只能睡兩、三小時。

因為店裡沒有囤積高價的紅酒，所以都是看附近的酒店賣什麼酒，再列入店裡的酒單之中。客人點了之後，工作人員再從後門去酒店買酒。不過，酒店打烊時間是晚上八點半，所以我們在黑板上也會寫著「這一頁的紅酒的點菜時間只到晚上八點。」不過從客人的角度來看，會誤以為，這家店這麼小，紅酒的庫存量卻相對豐富呢。

開店之初，我們請不起有經驗的工作人員，只能請到頂多會煮義大利麵的年輕人，或是剛從調理學校畢業的新人。所以，幾乎每天都有意想不到的事情發生。

比方我要他們把用水冷卻後的義大利麵，用布巾仔細擰乾水分。結果，完成的卻是用抹布用力擠過、全都斷成一截一截的義大利麵。

我感到挫敗，但仔細一想，是我不對，是我自己要人家仔細擰乾水分的。但接著，又出現了不知道什麼燒焦了的味道。

原來是「烤箱」！打開之後，我前一天晚上揉好麵糰，今天早上才烤好的麵包，工作人員想要加熱，卻忘了時間，然後麵包就變成了烤箱中的黑炭。

我覺得自己快要昏過去了。但是那時我想到的是，自己在東京當學徒時，被師父痛毆的往事。「此時只要稍微有點迷失，那時的恐怖情景就可能再現。」於是一面告誡自己，慢慢恢復理智。就這樣，每天大小狀況不斷，共有三次左右，我在廚房出現呼吸困難的情況。

由於每天都有料想不到的事，一天結束之後，我常處於茫然的狀態。

新人在廚房燒焦、煮過頭等，幾乎是家常便飯。但我連罵他們笨蛋的時間都沒有，心中一邊大聲吶喊，一邊想著，如何把這些東西改頭換面，拿來換成錢。腦子裡想的只有這些。

於是，有趣的事情發生了。

有一次，我想要煮熊肉燉飯，要求助手先把日本酒煮開、濃縮，但又燒焦了。

但那一天，並沒有代替食材。絕望中，我的鼻子聞到了香草的香味。咦？嘗了一口燒焦的日本酒，竟然有股天然的香氣。「搞不好行得通」，於是直接加了水和米下去煮，這就是「熊肉的香味燉飯」。

我把這道料理端給了一位知名出版社的業內人士，對方問我：「誒～你用了醬油嗎？」我說沒有，並且說明了材料。對方說「虧你想得到，真是天才啊！」我心中則是念著「○○君，謝謝你那時的失敗啊。」

這種例子不勝枚舉，從助手的失敗中，起死回生的菜單，多到數不清。

接近絕望，仍不放棄繼續挑戰，才能有這些別人想不到的菜單出現。

雖然常發生狀況，但是我還是不想放棄任何寫在黑板上，多達一百多道的料理。美食家只要看了菜單，大概就會發現，菜單裡包羅了烤、蒸、煮、炸、蒸烤、煎等調理法，一定會覺得「這家店的主廚真不得了」，一想到這，身為料理人的堅持，說什麼都得貫徹下去。

話是這麼說，但是客人點菜之後，廚房裡能做菜的也只有我。所以我想到的是把廚房裡的所有動作，像學校社團活動時的動作訓練般全部分解固定。

高中時代，我參加羽毛球社團。運動最常見的訓練，就是反覆同一動作的練習，直到完美。在訓練過程中，自然而然地「球飛過來時，身體就會這樣動作」。身體記住那種反應，不需思考，就會自己動起來。廚房裡也是一樣。

我的廚房使用家用烤吐司的小烤箱，充當遠紅外線烤箱，所以魚放進去之後，大約烤兩分鐘。

首先就從移動小烤箱的位置開始，移到我的固定位置左邊約兩步半的距離。

魚撒上鹽、打開烤箱門、把魚放進去、關上門、設定時間，可分解成這一連串的動作。從手腕的角度伸出去的距離、打開烤箱門時，手的形狀、轉時間時，手的迴轉角度，等等。確立各種分解動作，並且仔細練習，直到身體完全記住。

經過訓練之後，這一連串的動作做下來，只需要五秒。烤箱要烤五分鐘時，身體先記住，手腕再往下轉三十度就好。不需確認「嗯、五分鐘的話，要轉到這裡」，不用一一彎下身來看烤箱的時間。

也就是說，從調理道具的位置、放調味料的地方，食材收納的場所，全部都固定下來，之後，不用看，只要把手伸出去，就可以拿到所需的物品，連結到下一個動作。

不要把這些當工作，把它想成是為了要打贏的運動的話，回到年輕時的運動神經，動作也會加快哦。各位，就算沒有能力強的助手，靠這個方法，自己就能完美演出，請各位一定要試試看。

年輕時，還有另一個足以起死回生的全壘打。

為了籌措助手的薪水，我每天都去山裡採摘野草。

當地的農家，只要是有主人的山，裡面的所有植物都能吃。從野草、山菜、菇蕈類、果實等，可以找到非常多種食材。地主進藤享先生，特別允許我進去採摘食材。他的這座山真的惠我良多。

那時的我，腦子裡想的只有：如何能在節約的同時，也能提供客人美味的食物。所以，在這座山裡取得的零圓食材，成為我料理的主軸。

比如說，採到非常酸的酢漿草，我就一直想，跟當天早上進的魚，「該怎麼組合出最美味的料理」。

跟鱒魚好像很合，那麼加熱的方法呢，最適合酢漿草酸味的調理法，大概就是「用油煎烤」。

如今外界都稱呼我的料理是「蔬菜為主的料理」，想必也是在這一時期，用免費的野草為主，所想出來的各種各樣的料理有關吧。

第一個來到我店裡採訪的雜誌，既不是美食雜誌，也不是料理的專門雜誌，而是最不相干的戶外生活雜誌。

據說是因為「聽說有一位用野生雜草做菜的異色料理人在這裡」。

在那場採訪裡，做了一堆野草料理。雜誌介紹我是「擅用日本香草的男子」，接著才有其他料理相關的雜誌來訪。

也因為如此，我被雜誌寫成是推出創新料理的天才。其實我哪是什麼天才，我只是為了我的店、為了員工的生計而拚命，反而做出前人沒有的料理，如此而已。

來自義大利的救世主

～了解料理人的本職

二○○七年的某一天，我的店裡來了位外國客人，點了「主廚套餐」。

那是用餐結束之後的事。

那位高大的外國男性突然進到廚房來，興奮地用義大利語說了一大段話，就拿起我們的菜刀，開始切起眼前的食材，我一時愣住。然後他說了，「非常棒的料理，為了致謝，我想讓你也吃吃我做的菜。」

那位義大利人叫喬治．吉里奧，是在義大利皮埃蒙特區（Piedmont）的卡內利（Canelli）經營農家民宿的料理人。

「我們對料理的想法及做法很相像，你吃過之後就知道了。」

從那天起，我和喬治成了好朋友。

喬治在自己的土地，追求引出食材美味的料理。同時也行走世界各地，找尋美味的食物。他來過日本十二次，其中來過我店裡八次。

每次用完餐，他一定會到廚房來，告訴我們他覺得哪道料理的哪個部分很棒。

喬治也是改變我的料理人生的重要人物。

喬治所開的民宿「洛佩斯特」，是將一座有三百多年歷史的集會所，改建成約可容納二十人住宿的民宿，其中還包含了一個紅酒莊園。世界各地的旅人，紛紛為了他的料理和自家紅酒前來，這裡也被稱為美食之宿。

與喬治相遇五個月後，我也造訪了這間民宿。在民宿餐廳用餐時，喬治在整個用餐過程，一直在各桌之間環繞，與客人聊天寒暄。

以前我一直認為「料理人不該走出廚房，服務客人的工作是服務生的工作。」，所以喬治的作風，帶給我很大的震撼。

在那之前，我一直認為，料理人應該保持緘默的美德。從未走出過廚房。

但喬治不同，他繞著各桌，對每一道送上來的料理，很開心地向客人解說。

原來，料理人也可以走出廚房啊……。

在那裡，我感覺自己的固執，好像正一點一點被剝離。

聽他們談話的內容，不外乎生產這些食材的是些什麼樣的人，收成這些蔬菜的田地、釣到這些魚的海岸又有些什麼樣的風景，而味道以及口感，又有哪些魅力等，喬治仔細地說明，時而幽默，說個不停。

而聽他說話的那些客人，時而大笑，時而驚訝地瞪大眼睛，甚至還會拉長身子，向喬治提出問題，顯得很開心。

從那天起，我的內在，出現了新

的料理人的形象。

之後，只要我去造訪喬治的民宿，他總是會帶我去米其林指南介紹的餐廳和甜點店，有時還會讓我在那些餐廳學習。

我沒有進過料理學校，也沒有在國外學習的經驗，這點有時會讓我感到自卑。

但是拜喬治之賜，我得以了解義大利有名餐廳的真實情況，確認自己沒有不如人之處，之前的自卑感一掃而空。

接著，重新界定自己的日本料理人的位置，即使是在鄉下，我也獲得了把全世界當成對手的自信。

只有一件事，那就是我原本不擅長在外人面前說話，但從那天起，我開始一點一滴，努力改變自己。

我開始自己端料理送給客人，並且興奮地在客人面前聊起生產者的事情。

比方「這個藤澤蕪菁，是農家後藤先生一人開闢山林，在炎熱的夏天裡，流著大汗一邊砍樹枝、放火燒田，辛苦種出來的珍貴蕪菁……。」

因為緊張而語無倫次，但我還是努力的說出我所知道的一切。

不可思議地，我感到與客人之間，產生了一體感。

說完之後，客人也會接著說「這種蕪菁有著脆脆的口感，很有趣耶」、「這麼辛苦種出來的蔬菜，明年也想再吃吃看。請一定要轉達給後藤先生，請他繼續努力。」

趁著熱情尚未冷卻，我立刻打電話給農家，轉述了剛吃了蕪菁的客人的話。

農家聽了之後，也很開心的說，「明天帶他們來這裡嘛。」隔天，我去進貨時，也帶了客人過去，農家非常的開心。

這類事情不斷累積之後，農家的表情也漸漸開朗起來，也有了明年要更努力的幹勁，食材也越變越美味。

模仿喬治的過程中，我也了解到料理人的真正任務。

那就是牽起人與人之間的連結。

在日常的營業中，介入生產者與消費者之間，傳達彼此的心情給對方。

理應見不到面的食材生產者與吃下這些東西的人，當他們在庄內田中央的小小餐廳裡，結合起來的瞬間，我知道，這就是料理人才能辦到的事。

喬治來我的店裡時，我們總會一起做菜。同樣身為廚師，向對方展示自己的料理，又是一件愉快的事情。互相吃著對方的料理，最後喬治說，「能夠做出單純又美味的食物，全要歸功於生產者，請代我向他們說聲謝謝。」

與傳統作物的相遇

～意外的緣份開啟的道路

我還在農家餐廳工作時，有一位男客人經常來店裡用餐。那位客人總是與別的男性一起來，稍微低著頭小聲說著話，直到打烊。

他的名字叫做江頭宏昌。我開了阿爾卡契諾之後，江頭先生也總是跟同一位男性一起前來，並待到打烊為止。不過我跟江頭先生算不上熟識，也不記得我們曾聊過什麼深入的話題。

有次，江頭先生突然問我「為什麼會想開這家店呢？」

「我想讓更多人知道只有庄內才有的蔬菜。」

可能是那次談話的緣份，我與江頭先生的交流突然變得深入起來。

江頭先生是山形大學的教授，專門研究達達茶豆◎，這是山形特產的優質毛豆。從「只有本地才有的蔬菜」這一主題出發，江頭教授除了達達茶豆之外，也開始著手調查其他的蔬菜。

江頭教授打電話給我，「種植一種叫做karatori芋（カラトリ芋）的傳統作物的農家，願意讓我們參觀他們的農地，你有興趣一起去嗎？」

前往農家參訪之後，讓我們帶了一些回來。燙熟之後，吃下去的感覺是，跟一般的小芋頭不同，具有黏性，味道也很濃厚，而且令人回想起農家的人情味，有一種不可言喻的味道。

這就是所謂，留在心裡的味道吧。

我深受感動。

那次的參訪之後，我們兩人開始沈迷於尋找傳統蔬菜。

之所以會沈迷於此事，是有原因的。

來店裡吃午餐的江頭先生，提到了「寶谷蕪菁」這種夢幻般的作物。好像已經沒有人在種這種蕪菁了，再也吃不到這種蔬菜了吧。可是這種蔬菜真的好好吃啊。之類的話。

真可惜啊，好想吃吃看吶。兩人邊聊著這個話題。江頭先生回去之後，一位朋友來到店裡。

「經常受你照顧，所以帶了一些醬菜，請你吃吃看。」

這位朋友拿來的漬物，竟然是寶谷蕪菁的漬物。

我驚訝得嘴巴合不起來，心臟也加速跳動。我立刻打電話給江頭先生。

「啊、江頭先生，寶谷蕪菁還活著。更不敢相信的是，它自己跑過來了。」不用說，電話那頭的江頭先生也是吃驚不已。

接著，透過帶漬物來的友人的幫忙聯繫，我與江頭先生前去拜訪，現在唯一還在種植寶谷蕪菁的農

◎譯註：原文為だだちゃ豆，是山形的名產之一，だだ是庄內地方的方言，意指大叔、老爹，據說古時候藩主吃了之後，覺得很好吃，就問說是那位大叔種的呢？因而得名。

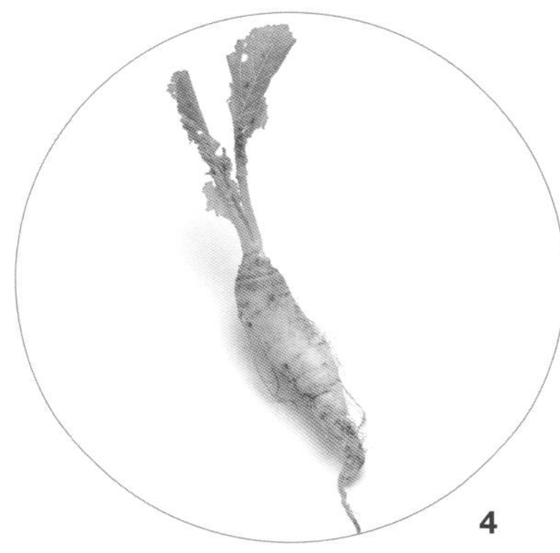

1在陡峭土堤的傾斜面的寶谷蕪菁田。
2獨自守護寶谷蕪菁的畑山丑之助。
3經過多次試驗，找到寶谷蕪菁的最美味吃法就是披薩。
4寶谷蕪菁長得歪七扭八，鬚根是其最大特徵。

家，畑山丑之助先生。

去了之後才知道，寶谷蕪菁的收成已經結束，看不到蕪菁田。

據說在寶谷地區，以前有數十戶農家種植這種蕪菁，但是這種蕪菁的鬚根很多，很難照顧，收成出貨時也很辛苦，所以大家相繼放棄種植，最後僅剩畑山先生一人。

畑山先生不願意祖先代代傳下來的品種，在自己這一代斷絕，所以就在農地的邊角上，種了一些供採種以及自家食用的蕪菁。

寶谷蕪菁原本是種在陡峭邊坡土堤上的作物，因此需要耗費相當的體力，畑山先生年紀漸長，現在只好種在平坦的農田裡。

「以為已經滅絕的品種，竟然還在這世上。」那天的感動，彷彿昨日般，印象相當鮮明。

寶谷蕪菁這一連串事件發生的同時，我還聽到了有關「勝福寺紅蘿蔔」，那也是傳統作物的一種，形狀是長條形的紅蘿蔔。

江頭先生向農家請教，農家便說「我們現在沒有在種了，但聽說那邊還有人在種。」

但是，前一位農家介紹的農家，也說了同樣的答案。一一問下去，結論是沒有任何一戶農家告訴我們「我們有種哦。」

到最後，我們得到的事實是，數年前的確還有農家在種植，但大家相繼放棄，現在，已沒有任農家還留有種子了。

總之，就差那麼一點點，勝福寺紅蘿就從庄內永遠消失了。

寶谷蕪菁與勝福寺紅蘿蔔，這兩件完全相反的事件，讓我和江頭先生意識到，再不趕緊調查尋找，還有很多傳統作物有消失的危機。

隔年，寶谷蕪菁的農家畑山先生，又改行傳統種植法，在農地的土堤上，親手播下一粒粒的種子。

採收之前，我與江頭先生前去拜訪農田，畑山先生望著土堤上一片茂密的蕪菁葉，相當開心的樣子。

回程的車上，我腦海一直浮現蕪菁田以及畑山先生神采奕奕的樣子。或許，這就是我與江頭先生的使命也說不定。

◆傳統作物發掘物語

不想失去傳統作物的信念

～永遠記得父親悲哀的背影

知道勝福寺紅蘿蔔已經不在人世的打擊，心中像有千斤重，久久不能散去。

那不單只是見不到有興趣的蔬菜。我心中感受到的莫大哀傷，是因為知道，一旦消失了，就再也回不來了。

我的父親也是料理人，在山形縣與新潟縣交界的國道下，開了一間休息站餐廳，店名就叫「drive inn日本海」。

那是一間可以看到海景的餐廳，從座位上就可以看到廣闊的日本海，戴滿觀光客的大型巴士絡繹不絕。

但是，父親因為幫友人作保，不得不揹下那些債務，最後，父親不僅失去了自己的餐廳，連住家也守不住。哀傷於失去所有一切的現實，我與父親奔波各地，向債權人低頭拜託。

那時的傷痛，仍潛伏在內心深處。如今，當察覺要失去什麼時，我總是會刻意抬起頭來。

庄內才有的傳統作物，正在消失之中的現實，一直在我心中喧騷不已。

只要一想到「如果不採取行動，還會有更多蔬菜消失」，我就坐立難安。

那時，我又聽到了種在鶴岡市藤澤地區的「藤澤蕪菁」，馬上與江頭先生去拜訪農家。

據說蕪菁田在山裡面，因此我們先到那座山。

開了一段山路之後，接下來的山路只能步行前往。

報路的人說，就在那邊。但我先看到遠方的山，看到山上有人，然後我們從那座山延伸到我們眼前的長長的繩索以及下方的滑輪。

好像在冒險一樣，心臟噗通噗

通，首先，先從山的傾斜面下降到山谷，然後再爬到有繩索的地方。

走在杉林之間稱不上路的縫隙，爬上陡峭的山坡，抬頭一看，眼前是一片明亮的晴空。

斜坡上，是一大片鮮綠的葉子，葉子底下四處冒出一點點的粉紅色。

仔細一看，有幾個燒得焦黑的杉木樹幹，點點落在綠色葉片之中。太厲害了！這是農田嗎？

被生平第一次看到的美景震懾住。

「這就是藤澤蕪菁，哈哈哈。」背後傳來爽朗的笑聲，我回頭一看，原來是農家的後藤勝利先生。

他手上拿著的蕪菁，鮮綠色的葉子下，是令人眩目的桃紅色，根部又是白色，每一根都變成「く」字形。

想要立刻知道這蕪菁是什麼滋味，胡亂地跟後藤先生問好之後，就伸手拿了一根。

咬了一口。

「啪！」

意想不到的水嫩。

咬第一口時，覺得皮有點硬，但卻很容易就可以用牙齒咬碎，水嫩多汁還帶有一點點的甜味，但同時也感覺得蕪菁皮的辣味、苦味跟澀味。但這些味道在口中混為一體，第一次嘗到的味道。

把難吃變成美味的蕪菁？

這就是我與藤澤蕪菁的邂逅。

採訪之後才知道，要種這種蕪菁，得付出相當大的勞力。首先，得不計成本。

春天時砍划杉木，把樹枝砍下來，把樹幹運出去。夏天時，把春天砍下來的樹枝，劈得更細，鋪在山坡的田地上。

接著在一年中最熱的八月中旬左右，放火燒田，得燒一整天。之後，趁著土壤還溫熱時，播下蕪菁的種子。霜降之後，約十一月時收成。

如此耗費心力的蕪菁，竟能一直保留到今天。

我對獨自一人努力種植藤澤蕪菁的後藤先生，感到無比敬佩，也決定，一定要開發出一道以藤澤蕪菁為主角的料理。

互補的兩人開始尋寶

料理宅的我，跟蔬菜宅的江頭先生，回歸童心，渾然忘我、日日尋寶的幕後故事。

〔對談〕

山形大學教授、山形傳統作物研究會會長

江頭宏昌先生

一直找不到勝福寺紅蘿蔔，後來才知道，在我動身尋找之前就已經絕滅了……江頭

—— **（編輯部）** 能不能談一下兩位開始尋訪傳統作物時的情形。

江頭 學生時代的我，就很擅長尋找便宜又好吃的店，因此我是「研究室的餐飲科」。以前，嗅覺就很敏銳。所以我知道奧田先生的料理很好吃。他還在農家餐廳時，我就常常去那裡吃飯。但是一開始我跟他並不熟。

不過，一開始是我先開口邀請他的。那年我三十八歲。

奧田 那年我三十三歲。

江頭 我們一起去拜訪種植傳統作物karatori芋的坪池兵一先生。因為聽說奧田先生對在地的蔬菜有興趣，所以我就問他要不要一起去。如果當時只有我一個人自己去的話，可能就不會有接下來的這些活動了吧。

奧田 那時拿了一些karatori芋回來，不論是炸或煮，自然的甜味以及鬆軟的口感，都比一般的小芋頭來得好吃。也試過放到湯裡，或是活用芋頭的黏性，做成焗烤。那時的我，料理不算成熟，只能用現有的調理方法去調理。

江頭 可是一般都是加到味噌湯裡煮啦。奧田先生後來提議用椰奶煮成濃湯時，坪田先生一聽就「誒～哈～」的，他也覺得很有趣。

奧田 那之後，聽到寶谷蕪菁消失的事，從未吃過的兩人，懊惱不已。

江頭 對啊。那天在奧田先生的店裡，午餐時段的客人回去之後，我們一直聊到下午四點左右吧。

奧田 江頭先生回去之後，接著馬上來了一個客人，拿著寶谷蕪菁的醬菜進來。

江頭 哈哈哈哈，那真的是奇蹟耶。

奧田 我馬上打電話叫江頭先生再來一趟。晚餐營業結束後，兩人一起吃那個醬菜呢。邊吃邊哇哇叫。

江頭 對耶。好像是這樣。

奧田 從內心深處想「哇哇哇」大叫。兩人一邊吃一邊大叫。像人死而復生，為它喝采一聲，幹得好！的感覺。

江頭 所以，現在不到現場採訪，

「《庄內小僧》」

向地域傳達傳統作物的情報誌。讀書時國語不及格的我，為了地方，挑戰寫稿。

「一起參加演講會」

兩人經常一起參加。江頭先生負責學術部分，我則是講料理的部分，盡量不讓聽眾覺得厭煩。

根本坐不住。

奧田　對。江頭先生，這就是宿命。就是這樣我們才能去看寶谷蕪菁，聽了許多故事。

之後，還提到勝福寺紅蘿蔔，結果……。

江頭　四處尋訪，但就是找不到。那是鶴岡市的傳統蔬菜，有人跟我說還有，但是調查之後才知道，早已經滅絕了。

奧田　同一個月內發生了這兩件事。找到了寶谷蕪菁，讓我們很興奮，以這樣的氣勢，一定可以陸續找到其他的傳統蔬菜，沒想到竟然沒有了，讓我們很喪志。這起伏也太大了。江頭先生，這些事，現在不馬上做的話，就會來不及了啊。

江頭　就是這樣，所以奧田先生提議說，以傳統作物為主題，一起在雜誌寫連載專欄。但我拒絕了。而且拒絕了兩次。因為大學裡的氣氛讓我覺得，在雜誌寫這些文章，很不好意思。如果是學會論文的話還好，但在地方情報誌中寫這些，感覺像在玩一樣。

奧田　但我還是繼續提出邀請。最後總算勉為其難的答應了。那就是在發行量約一萬本的《庄內小僧》這本地方情報誌裡，開始連載「奧田主廚&江頭教授的傳統蔬菜探訪記」。

江頭　連載剛開始時，許多人不知道什麼是傳統蔬菜。庄內沒有這種詞彙，所以，讓一般人知道這個名詞的，就是《庄內小僧》。

奧田　我們的分工模式是，江頭教授寫的是學術性的內容，而我則是負責料理部分。江頭教授忙的時候，我就寫前言交待一下，再由江頭教授補充訪問內容。我並不是會寫文章的人，但是對自己說出來的話有責任感，所以就很用心的寫。然後，就變聰明了。（笑）

> 江頭先生，這些事，現在不馬上做的話，就會來不及了啊……奧田

「生產者之會」

為了農家，在阿爾卡契諾的舉辦的固定聚會。請生產者來說自己的經驗並且品味自己作物的味道。江頭先生也會解說當季的傳統作物。

「兩人走遍全國採訪」

走出山形，活動範圍擴大全國。調查當地特有的作物，以傳統蔬菜為主題的演講會，比方如何地產地銷，享受烹調的樂趣等，因應各種主題，走遍全國各地。（照片是二〇一四年三月，前往宮城縣氣仙沼大島調查傳統蕪菁時留影。）

實在很不可思議，我跟奧田先生的頻率就是很合得來……江頭

江頭　為了《庄內小僧》的連載，去農家採訪，奧田主廚的特技就是當場試吃，說出很好吃之後，農家也像開關打開了一樣，眼睛變得有神，聽到自己種的蔬菜被說好吃，表情都變得神采奕奕了。

像是寶谷蕪菁的畑山丑之助先生，原本為了採種，只種一小片田，但在我們採訪之後的隔年，也恢復燒田農業的種植法。自己保留這項品種的心意被認可，我想他應該也覺得很開心吧。奧田先生也開發出新的菜單，畑山先生又更加開心，吃過這道料理的客人也很開心。獲得這些回響之後，農家又更高興了。這就是喜悅的連鎖反應呢。

好美啊！看著畑山先生望著土堤上那一大片栽種傳統蕪菁的農田，心滿意足的表情，我有一種說不出來的感覺……。

奧田　那時我們兩人也很感動啊。被畑山先生感染，也覺得心頭一熱。我與江頭先生互相假裝沒看到。其實第一次見到藤澤蕪菁時，大概兩人都抱著同樣的情緒吧。我懂。

江頭　實在很不可思議，我跟奧田先生的頻率就是很合得來。我們不是因為理論而認識，交往也沒有依循什麼道理，會繼續往來，純粹就是在一起很有趣，很開心。

奧田　我們兩人連笑起來都很像。笑的節奏也很像。江頭先生是哈哈哈，我則是呵呵呵，總之，兩人就是很合得來。

——接下來，如何提高傳統蔬菜的知名度呢？

江頭　首先是透過連載，慢慢地讓大家知道。漸漸地，也有越多的人來跟我說「我有看《庄內小僧》哦」，這種從未有過的經驗，很開心。因為即使在學會發表文章，知道的人，也僅限學術界，社會普遍不知道嘛。但是地方的情報雜誌的話，不分職業及年齡，有一萬名讀者在看呢。

傳統作物的話題，漸漸在庄內傳開，電視台也來報導。二〇〇四年，《庄內小僧》的連載結束後，山形新聞就來問我要不要寫連載。當時才剛成立了傳統作物研究會，還是撥出很多時間寫文章、決定主題等等，也一起合作了五年。那時還要配合全國各大媒體的採訪，到最後覺得自己快死了。

奧田　只要有媒體前來採訪，我一定會使用傳統作物來做料理。帶他們去農家，也讓他們聽聽農家的說法。農家們一開始可能說得很生硬，但多採訪幾次，他們也說得越順暢，還有農家口才變得比我還好。不想輸給他們，所以更努力研究料理。

江頭　《庄內小僧》時代，奧田先生與傳統蔬菜著實奮戰過呢。

在那之前，硬要說的話，就是一般的義大利料理。但是開始與傳統蔬菜格鬥之後，料理本身的主張不見了。像是脫掉自己身上所有的裝扮，變成以食材為中心的料理。我有說過吧，彷彿可以聽見蔬菜的聲音。

奧田　因為江頭先生說了啊，這種蔬菜這樣子加熱，溫度到達多少度之後就會產生辣味。既然如此，那之前靠辣椒而得到的辣味，我現在就只要靠「控制溫度來產生辣味」。聽了江頭先生的話，之前使用辣椒只是混淆視聽。是對食材不敬。

所以，雖然在別的地方說的好像很厲害，其實有八成只是賣弄江頭先生教給我的知識罷了。

——為什麼兩人所開始的事情，會引發流行呢？

江頭　這麼嘛，之前寫了很多分析原因的文章，但現在再次被問到這問題，還是會想，嗯，為什麼呢。

奧田：跟江頭先生在一起時，總會有一種青梅竹馬的親近感。

江頭　嗯！對！

奧田　兩人相處很自然，完全沒有預設立場，兩人一起行動時，自然而然就會有答案跑出來。自然地「往這邊走」就是了。

沒有事先計畫，也沒有特別算計什麼，更沒有什麼要寫下歷史的使命感，當然，還是抱有某種程度的，我們得做些什麼才行的想法，但我們刻意不談這些，只是志同道合地，一切都往好的方向前進。

江頭：完全不是什麼帶領風潮的感覺。真要說的話，事後可能會發現，有種想要讓庄內更好的心情。深層心理有那樣想法也說不定，但在那之前，我們只是想讓我們所遇到的人都能開心而已。

完全沒有知名度的傳統蔬菜，首先是沒有辦法定價。沒有人會想要專程來買這種蔬菜，但卻有人全力守護這種蔬菜。種給家人吃，住在附近的鄰居也會期待收到這些蔬菜等等。

寶谷蕪菁的畑山先生說過，如果代代傳下來的東西，在自己這一代斷絕了，會愧對祖先。我對於這樣默默守護，持續生產好的東西的人，表達最高的敬意。奧田先生跟我都是一樣的，只是想為自己眼前的人做些什麼，讓他們開心。如果因為我們這樣做，地方的大家，都能感受幸福，並且擴散出去，那就太好了。

——為什麼會有這樣的想法呢？

江頭　嗯……被需要的感覺……吧。

奧田　江頭先生跟我一樣，原本都是寂寞的人吧。在那之前，沒有被他人所需要的感覺。該怎麼說呢，如果知道有人需要你，那是件很開心的事吧。

江頭　嗯，會這樣。

我們兩人連笑起來都很像，總之，就是很合得來……奧田

奧田 我會自問，有人需要我嗎？然後，把我擁有的技能，加上江頭先生的時間、體力以及知識，為了對方，做了各種研究，然後奉獻出來。以我為例，當我以農家所種出來的蔬菜設計套餐時，我會投注我全部的能力。這是身體的自然反應。

江頭 就是這樣啊，就是竭盡全力去做就對了。

奧田：從農家那裡回來的路上，在車子裡我們就會開始反省大會。回程中一面討論今天的事。去拜訪雪菜的農家時，回來的路上是風吹雪的天候，但回程的月山道路上，還是會說，幸好今天有去。

江頭 那次真的好驚險。約定的當天，上空有零下五〇度的冷氣團來襲，風吹雪的狀況下，阿爾卡契諾外也積滿了雪，門幾乎打不開。但那種天候下，我們還是開車越過月山，去採訪農家。

就是竭盡全力去做就對了……江頭

奧田 外面幾乎是白色世界。我負責開車，坐在助手席的江頭先生打開車窗，大叫著往右、往左，整顆頭都是雪。

江頭 我們說一次右邊，是指方向盤往右打五公分，「右、右」的話，就是十公分。因為雪太大，連山壁都看不清楚了嘛。真的是拚了命啊。

奧田 拚了命才抵達農地，所以看到雪菜時，真的是哇哇哇，這就是夢幻的雪菜啊。

——為什麼要拚到這種程度呢？

江頭 因為農家叫我們去啊。奧田先生，是吧。

奧田 是啊。第三次去雪菜農家時，也帶了雜誌社同行，但因為風太大，根本沒辦法拍攝畫面。然後我就開玩笑地說，風啊，停一下吧！那一瞬間，風真的霎時停下來。接著又咻咻地吹了起來。我笑著說，剛是偶然的吧！又試著開玩笑說了一次，風真的再次瞬間停止。

江頭 哈哈哈，那是真的。不過真的很不可思議耶。

奧田 就因為有這些不可思議的事，我才會覺得，這真的是使命。

——如是自己的故鄉存在傳統作物，但當地人卻不知道該怎麼做，請問你們會提出什麼樣的建議？

江頭 我認為，要把理科的概念跟文科的概念，合而為一，才能看出傳統作物的原本的價值。

首先要全面調查該項蔬菜的特徵以及優點。味道的部分，在地的人，長年都吃這些蔬菜，可能不會察覺，所以就必須要有像奧田先生這樣，能夠給予客觀評價的人，做成料理並且品嘗味道。我認為這是一條捷徑。

不過，有很多蔬菜本身並沒有什麼特徵。沒有的話該怎麼辦？那就

我和江頭先生的關係就像凹凸拍擋，兩人合起來，就是最強的……奧田

找出有趣的歷史故事。

比方山形有種蘿蔔叫「花作蘿蔔」，這種蘿蔔生吃很硬，煮的話會有種苦味，但是江戶時代，藩主大人來到這裡，吃了花作蘿蔔的澤庵醬菜，因為清脆的口感實在太美妙了，藩主就請在地人一定要好好保存這種蔬菜，而當地人也代代守護這種蔬菜，成為美談。

此外，還有土地的力量。在道路的另一邊種植出來的作物，全然沒有風味。但在這裡種的話，不可思議的是，顏色以及香味都不同。是要一直種在這裡，還是要針對這裡的風土的關連性、氣候、土質、水、地理環境，做全面調查。從各種觀點調查出來的結果，做成教材，則是更為重要的事。

以料理的形式表現出來的，就是料理人。接著，有什麼樣的蔬菜，就可以組個「吃吃看什麼什麼蔬菜會」，這樣一來，喜歡這什麼什麼蔬菜的人就會集結而來，這些人來到現場，親眼看到之後，提出自己原創的料理，一起集思廣益。

不同職業、不同領域的人集合在一起，每個人大約都會有一項專長。會拍照的人就用照片拍出蔬菜的魅力，文筆好的人就負責記錄。拍電影的人就把這拍成影片。喜歡企畫的人，就可以策畫蔬菜的煮食大會之類的活動。公務人員的話，或許可以舉辦活動，讓所有市民知道有這種蔬菜的存在。

每個人都有自己的專長，醞釀出一種，在這裡，可以做自己想做的事的氛圍，是很重要的。

奧田　一開始揭竿而起的是我，但有很多人都有主導的能力，所以我就退到幕後，讓這些人好好發揮。

——兩人接下來還會繼續合作嗎？

江頭　是啊。很難再遇到這麼合得來的人了。

奧田　即使一開始有著同樣的目的，但中途分道揚鑣的故事也很多呢。那真是運氣。就算要找，也找不到這麼合得來的人呢。

——感覺兩人關係比夫婦還要緊密。通常兩人都是男性的話，都會把對方視為對手。

江頭：是啊。奧田先生如果同樣也是研究者的話，我應該會有對抗意識吧。

奧田　哈哈哈

江頭　如果是要我幫忙的話，我大概會說不行，現在很忙。但是，我們有清楚的分工模式，所以可以安心地建構合作關係。我如果說被大學開除之後，要來當料理人的話，奧田先生大概會歡呼吧。

奧田　哈哈哈。我們有明確的分工啦。我常說我們的關係就像凹凸拍擋。我沒有的，他有，彼此互補，兩人合起來，就是最強的。

因為有江頭先生在的關係，即使被料理界說些什麼，我也能毅然不搖。所以，遇到一個人，可以讓自己變得更強壯，我很珍惜兩人的相逢。

嗯，接下來大概就是誰會先辦葬禮，誰會先哭，之類的吧。

江頭　對啊。真的是這樣。

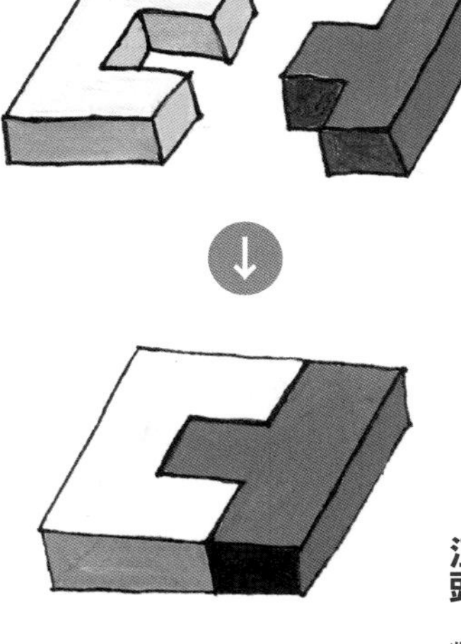

●江頭宏昌
出生於北九州市。京都大學研究所農學研究科畢業。農學博士。專門為植物遺傳資源學。座右銘是「順其自然」（已故恩師川喜田二郎教授喜愛的句子）。興趣是閱讀。喜愛油畫家中川一政的繪畫以及散文，經常前往位於真鶴的美術館。專長是做蕎麥麵以及泡好喝的茶。

全員參加組成的「美食之都庄內」

～不是商務往來，而是朋友相聚

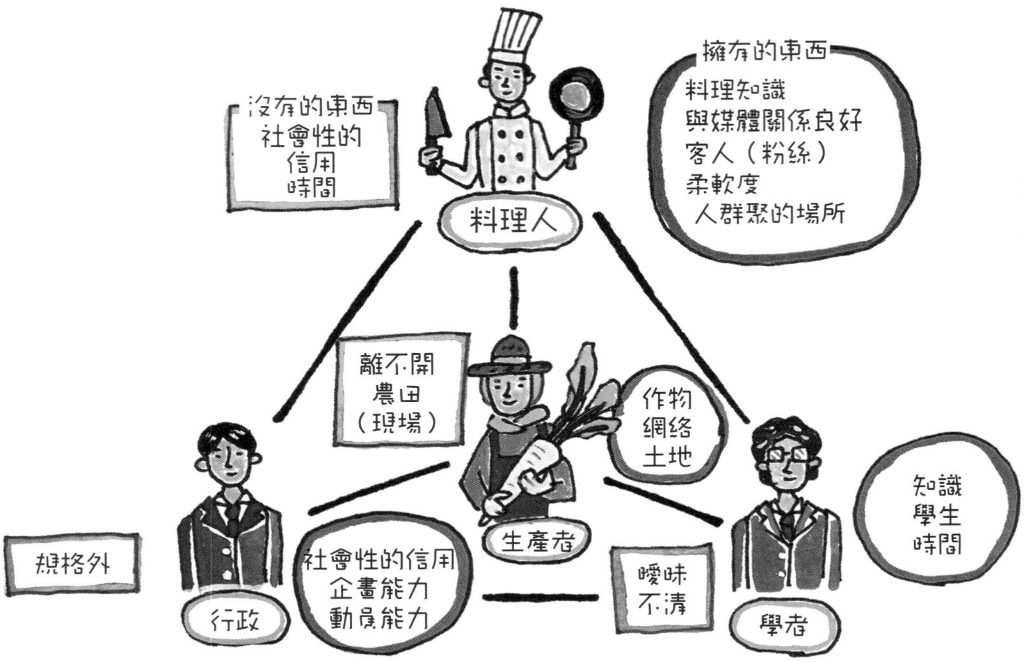

這句「美食之都庄內」，是在餐廳與客人對話時，自然出現的一句話。

這句話代表了庄內人的驕傲。

我確信這件事，所以，探訪傳統作物以及忙於店裡工作時，經常把這句話掛在嘴邊。

也因此，除了傳統作物以外，積極開設料理教室，使用地方的特產品、美味的加工品，也在地方情報誌寫文章。

一開始孤軍奮戰。不過自己做不到，或是忙不過來的時候，我會拜託專精的人來幫忙，因為我知道，這樣可以得到更好的結果，所以我也盡可能這樣做。

雜誌或是電視要來採訪我的料理時，我覺得光靠料理，沒有辦法向大家完整說明。

所以會提議「食材的話，我們可以一起去向農家的某某人請教。」一與行政機關人員、大學教授等人，一同前往農家拜託。

魚類的詳細生態，那就得問水產試驗所的研究員；若是地質的部分，就要去找農業改良普及中心的人員；蔬菜以及水果，得向大學教授請教；傳統作物的話，就是江頭教授了。

這樣一來，志同道合的同伴就愈來愈多。

有時也會接受公務單位的委託。

巨大消費圈——首都的消費量，關係到地方生產食材的存活。山形縣的產業經濟企畫課的人員，也來找我討論如何開拓販賣管道。

既然如此，我們就一起到東京去賣菜吧。於是兩人搭乘深夜巴士，清晨抵達新宿，一整天穿梭各餐廳，走到腳都快廢掉。

但要回來之前，一定會去時下最流行的餐廳用餐，調查現在流行的是什麼，我也教同行的夥伴，在餐廳如何聰明用餐的方法。最後，當天晚上再搭乘深夜巴士回來庄內。

決定提出「美食之都庄內」的主題時，也是跟庄內總合支廳的人一起絞盡腦汁，要如何在有限的預算裡，得到最好的效果。

結論是「紙箱作戰法」。

到東京跑業務時，我總會默默的留意店內的座位數以及廚房冰箱的大小。

這樣一來，從山形寄送貨物時，使用的紙箱，就使用剛好可以整箱塞進冰箱的大小。

如果是牛排館的話，牛、羊肉以及擺盤使用的蔬菜，一起裝在紙箱裡，一個禮拜送兩次貨。一次約三天份的用量。

如果貨送到時，剛好是餐廳最忙碌的時間帶，但紙箱剛好可以直接塞進冰箱裡，那麼對方就會覺得「山形送來的食材不僅使用方便，量也剛剛好。」

紙箱過大的話，若是在廚房最忙的時候送到，可能隨便被放在地上，被當成麻煩。

此外，跑業務時，我也會留意，不要集中在同一區。例如「丸山先生的羊肉，港區只有這裡才有。」類似這樣簡潔的字眼，更方便店家直接使用。

戰略性地持續送樣品出去，那些餐廳在接受雜誌採訪時，也會使用庄內的食材，彩色照片大大的登在雜誌上。照片裡，我們寄去的蔬菜也用在配菜上，說明上寫著「在這區域內，只有我們推出某某料理。」

包含著我們的祈求，送出去的食材紙箱，獲得大成功。

接著，要讓這標語深入人心，也經過一番奮鬥。當時行政單位並沒有編列宣傳預算，只好去拜託電視公司的人，製作一個庄內食物的節目。

我也被公部門任命為「美食之都庄內親善大使」。

有了這種頭銜之後，我這個料理人也算是獲得了半公家單位的身分，有利於在地域的活動。

這是值得感謝的事。所以我為了地方，盡全力發揮，自己規畫，到各地方演講，辦理料理講習會等。

這樣一來，完全超越了料理人的領域，在庄內、仙台、東京等地奔走。

我也拜託JR幫我們製作庄內的美食地圖。那份可折疊的美食地圖做得太棒了，受到熱烈歡迎。

接著，我提議一個搭電車吃美食的旅行企畫案之後，然後，一輛掛著「滿滿美味庄內號」招牌的SL蒸汽火車開跑了。

美食列車開跑的話題，馬上就在地方引起熱議，實際行駛當天，人群擠滿了道路兩旁和田中央，人群向火車揮手表示歡迎，JR的人以及搭乘列車的客人都非常開心，活動非常成功。

還有很多類似的故事，總之，想要成就某些事，就是動手做就對了，目標就是把更多人找進來，一起努力。

我對自己所下的目標是，超越社會「一般來說大概是這樣吧……」、「通常不會做到這種程度吧……」的預期，盡自己最大的能力去做。

規劃團隊合作時，我也會想像，大家各有所司，共同前進的樣子。

以飲食做為振興地方的策略時，最重要的，便是建立生產者支援體系。

要切記的是，生產者無法離開生產現場。所以，包括民間、公務機關、專家等，都是為了生產者，從各自的立場出發，全力支援。這樣一來，生產者才能專心從事生產工作。

推動任何事情的時候，直到出發之前，我總是盡全力大聲疾呼，但是若有其他人說「我也想做。」而加入時，我就會全權委託他們。如果他們需要幫助，我也會盡全力幫忙。

那時給我的感觸是，不要被社會的約定俗成所束縛。待人接物，不是做生意，而是以對待朋友的心態往來。

用這種心情所產生的關係，才會留存心中。

與行政單位的命運共同體，共同打造「美食之都庄內」

一直鞭策著我的前山形縣副知事高橋先生
打破既定模式，兩人共同合作，改變庄內。

〔對談〕
前庄內總合支廳長、前山形縣副知事
日本職業足球隊「Montedio 山形」社長
高橋 節先生

協助舉辦活動的公部門，
好像也開始傾聽我們的心聲……奧田

——（編輯部）高橋先生就任庄內總合支廳長之後，才認識奧田主廚嗎？

高橋 是的。我雖然是山形人，卻是內陸地區，上任之後才發現，庄內的文化跟氣質，與內陸地區截然不同。之前是擔任山形縣的農林生產部的部長，那時就知道傳統作物的重要，也覺得，應該讓傳統蔬菜多曝光。

來到庄內後，認識奧田主廚，也知道奧田主廚想要以傳統作物做為振興地方的起爆劑，剛好我也有這種想法，所以就有了具體的合作。

而公部門也在這時，開始加入打造一個特別的國度「美食之都庄內」的這個構想。

——邀請奧田主廚擔任美食之都庄內的親善大使，帶有什麼樣的期待呢？

高橋 首先，希望他能成為一個象徵，公部門在後面全力支援。

不是常說近廟欺神嘛。在地人認為每天吃的食物，不足以成為推薦給外地人的美食。所以，庄內的米，以及其他食材，都沒有好好的對外宣傳。

也因此，希望主廚能夠代替我們，向外界好好宣傳庄內是個有好

「美食之都庄內親善大使」
第一次被任命為親善大使是在二〇〇四年。媒體採訪我正在為當時的支廳長村上正敏說明在地的食材。

「親善大使是前導車」
之後親善大使增加為三人，開始正式食材的宣導活動。站在田裡宣導食材的樣子，在當天的晚報以及隔天的早報一定會曝光。

多好吃東西的地方。

奧田　高橋先生在庄內時，剛好是我跟江頭先生著迷於尋找傳統作物的時候。被任命為親善大使，也很努力推廣「美食之都庄內」這句話。

那時我也還年輕，一想到什麼就馬上行動的個性，所以常做一些不太尋常的事，其他人都覺得我是怪胎。因為在當時，一般料理人是不會隨便就跑進人家的田裡的吧。

我從一九九四年起，就一直宣揚庄內是個食材豐富的地方，但當時根本沒有人相信我。

被任命為親善大使之後，舉辦活動也有公部門的協助，一直在遠方旁觀的人，也開始傾聽我們在說什麼。

高橋　從一開始的就任儀式起，奧田主廚每年都會拿很多食材過來。像是傳統作物的月山筍啦，魚也是在庄內海域捕到的馬頭鯛等，都是我沒有見過的食材。

奧田　當時的儀式不像現在這麼大型，所以我就自己帶食材過去。因為聽說就職儀式當天，會有媒體會前來採訪。在那之前，庄內食材完全沒有曝光的機會，可以藉此機會，讓媒體看到這些食材。果然也如我的預測，媒體拍了很多照片。

高橋　美食之都庄內的親善大使，並非全國協會認證的資格，只是一個小地方的頭銜，但是我們緊跟著奧田先生的腳步，結果，現在大家都稱呼庄內是美食之都。也開始讓在地的居民知道，我們是以這種方式來活化庄內。

奧田　在地人的認知改變，是最令人開心的事了。對住在飲食文化豐富的土地感到自豪。庄內機場的暱稱變成「美味庄內機場」時，讓我感慨萬千。總算走到這一步了，外部的人也認同這一點了。在機場看到那塊看板時，在看板前，我佇立良久。

——合作之後，產生了什麼樣的變化？

高橋　認識奧田先生之後，我的認知也有了改變。剛開始，只考慮到對外的策略，該如何向外面的人宣傳，該怎麼擴大販賣管道等。但是那時，奧田先生就已經在設想，該如何讓人從外面進來庄內。

我們這些老派的人，只知道要靠觀光資源才能讓觀光客來這裡。我們雖然有出羽三山、也有日本海，但這些名勝古蹟，並不足以讓觀光客再三造訪。

但奧田先生卻提出飲食觀光的概念。食材是怎麼收成的、野生的食材在哪裡採到的？

讓客人自己去體驗，再由專業的廚師料理，賦予故事，再把它們吃下去。這跟所有的觀光地都沒有關係，而是全新的觀光資源。

美食之都庄內的親善大使原本只是一個小地方的頭銜，結果，現在大家都稱呼庄內是美食之都……高橋

「JR幫我們做的食材地圖hara cucina」

hara cucina 是庄內的方言，意思是「肚子很飽」，現在小學裡也還貼著這張地圖。

JR 東日本新潟支社
繪圖　土田義晴

「美食之都庄內親善大使委託書交付式&交流會」

二〇一五年在大型飯店裡舉辦的任命儀式，總共有四位大使。會場裡也展示了新開發的在地食材的加工品。同時也介紹了庄內地方二市三町的新組合。

有公部門介入，媒體也比較願意採訪，讓人感受到行政部門的威力……奧田

到過出羽三山的人，也會再次前來庄內，享用庄內的食物。

奧田　成為親善大使之後，推動工作變得相當輕鬆。原本只有我一個人帶隊參觀。美食記者來採訪、有名的料理人來參觀，都是我自己開車帶他們到各個生產者那裡去。

現在，則是公部門介入的活動。公部門推出了「食之旅」的旅遊行程。也準備了巴士，所以我也從司機，搖身一變成為導遊。

旅行業者也參考這項行程，推出旅遊商品，這成了庄內旅遊的一個模式。所以，現在不管我有沒有參與，我想做以及構思中的事，都已經有人在動手了。

高橋　在那之前，庄內總合支廳是縣廳的分支，依本廳的指揮行事，但現在支廳也開始有自己的考量跟提案。配合地方的特色，建立新的行政型態。

——之後，又是如何把美食之都庄內這一名詞滲透到各處呢？

高橋　以親善大使為主軸，在各地宣傳。一開始只有奧田先生擔任，後來又增加了三、四人。

在庄內舉辦有關飲食的活動時，親善大使一定會出席，與大家聊有關飲食的話題，並提供料理。

奧田　所有親善大使與媒體，一起前往生產者那裡，大使們站成一列供媒體拍照。新聞登上當天的晚報頭條，隔天的山形新聞也登出了大大的彩色照片，標題就是「美食之都庄內」。有公部門介入，媒體也比較願意採訪，讓人感受到行政部門的威力。

高橋　首先就是向在地的人宣傳。

從各個推動方案中，我們了解到最重要的一點的是，要跟外面的人說，這裡是個好地方之前，要讓共同生活在這個地方的人，認同自己的地方。

就算我們到東京、大阪以及仙台，辦了幾次大型活動，跟人家說這裡是個好地方，這是行不通的。因為對方感受不到。

住在這裡，吃著這裡食物的人說好吃，才能感動別人。所以，跟親善大使們一起從事的活動，就是針對在地居民的啟蒙活動。

奧田　聽到那項任務時，我就開始練習，如何在眾人面前說話。首先要說得讓媒體理解我的意思，而電視台的攝影機也一直在拍攝，所以我一直在思考要傳達什麼樣的訊息。

高橋　親善大使的活動提高「美食之都庄內」的知名度，山形縣政府也覺得這種方式很好，所以縣政府也參與了企畫。因此，利用飲食來帶動地方發展，也在全山形縣展開。

奧田　對我而言，一開始只有我一人孤軍奮戰，所以就跟縣廳的職員請求協助，之後，支廳長也參與我們。而高橋先生就任副知事之後，成為山形縣全體的策略，繼續給予支持，最後變成與縣知事一起工作。原本是我想把大家捲進來，卻變成我被捲進去，感覺滾起了一個大浪。

高橋　因為我們的方向是一致的，所以會經常合作。用一句話來說，就是「食農觀光」，結合飲食與農業的觀光。產生了這一個新的概念，並且定形。這是身為山形縣的一個地域的自我認同。

——高橋先生自副知事卸任之後，擔任Montedio山形社長以來，兩人還是持續有往來是嗎？

奧田　當我因為店裡太忙而呈現憂鬱狀態時，那時在背後支持我的是高橋先生，所以，現在是我在報恩。

高橋　奧田先生免費幫我們設計了Montedio山形原創冰沙。

那時球隊的成績是在J2排名第六

或是第八，這種不上不下的成績，來看比賽的客人也很少。為了填補入場費收入不足的部分，我們想到捐款贊助、結合山形特產品的這項「美味企畫」。剛開始只有農產品，因為沒有經費可以開發加工產品。與奧田先生討論過後，他免費幫我們開發了蛋糕以及冰沙產品，結果一下子就賣完了。

奧田　球隊也一直順利贏球，最後升格到J1。

高橋　當然選手也很努力，但也要感謝奧田先生以及大家，是大家的力量，才有今天升格J1的成果。

奧田　我私心認為，就是因為我跟高橋先生再度合作，球隊才會像我們當時捲起庄內風潮時一般，Montedio也出現了奇蹟。（笑）

——對於想要振興地域而努力的人們，由於高橋先生有行政方面的經驗，能給予大家什麼建議嗎？

要先有鬆綁阻礙推動事務之規定的觀念，才能一起往共同的方向前進……高橋

高橋　行政機關是個被規定綁得死死的地方。所以，如果思考方式不做改變的話，絕對不會產生新意的。因為在那裡的，全都是否定的要因。

所以，不應該如此。思考該如何才能讓地方產生活力時，必須要有「對想做的事產生阻礙的規定，就由我們負責鬆綁。」這種觀念，才能一起往共同的方向前進。

國家如此，地方行政也是直向聯繫，地方的人來找我們協助時，總是會推給別的部門。

接下來的時代，為了避免再有這樣的事情發生，一定設有諮詢窗口，想做什麼，一定會認真思考接受，為了實現想法，而要求各部門協助。

而承接的部門，對於這些會抵觸現有作法的想法，是會擱置，或是即使擱置，也轉換成「來做吧！」的想法。這些經驗不斷重覆後，就會產生變化。

還有一件事是，我想恐怕其他地方也是一樣，想著該如何才能活化振興地方。

抄襲其他地方的創意，我想是行不通的。砸錢下去的話，剛開始可能有用，但為了長遠著想，應該還是要找出自己獨特的東西，才是最理想的。

庄內也是如此。用外人的眼光來看庄內，是找出特色的訣竅。住在那裡的人，對於眼前的東西會覺得理所當然。雖然我也是山形人，但是是一個與庄內隔著山的內陸人，所以，我才會看到庄內閃耀的那一面。

奧田　我也是一度離開庄內到東京習藝，看過來自全國各地的食材之後，才確信庄內的食材真的是第一流的。

高橋　是啊。以外人的視線來看，找出閃耀的東西，再讓在地人理解，合力推動庄內為美食之都。

所以，成就庄內被認可為美食之都的是所有的庄內人，行政機關也只不過是接手了這股力量，並協助擴散而已。

●**高橋節**
歷任山形縣廳職員、山形縣副知事。之後擔任Montedio山形社長。興趣是看運動比賽以及爬山。喜愛的句子是「誠心誠意」。

◆地方創生之道

餐廳與生產者一起培育食材

揭櫫著「美食之都庄內」大旗，我使用傳統作物，開發出一道道原創料理。但是，時代卻將目光朝向海外的新食材。

流通技術發展，日本也能輕易拿到海外的新鮮蔬菜。料理界普遍認為，日本的蔬菜力道不夠強，魅力不足。

很多人覺得，法國料理要有來自法國的蔬菜，義大利料理使用義大利的蔬菜，才叫做美味，此外，比利時、塔斯馬尼亞的蔬菜也人氣急上升中。

在這樣的時代潮流中，堅持使用擁有獨特味道的庄內蔬菜，常被問到，為什麼你要用這種味道不怎麼樣的蔬菜？

既然如此，「那就把庄內蔬菜提升到世界級的美味吧！」

「平田紅蔥」是傳統蔬菜之一。這種蔥，生吃的話，舌頭會感到刺刺的辣味。但是加熱之後，會比一般的蔥來得甜。

不過當初，這種蔥長得很細，而且味道也相當粗獷。種子是農家自行採種，所以各家種出來的味道也都不同。

這種年輕氣盛的蔥，要怎麼調教出好味道呢？我向農家後藤博先生提出：「紅蔥的特徵是有著鮮明的紅色，所以希望能幫我嚴選出符合鮮紅特徵、外形粗壯、外皮不會過硬等條件的種子，明年起幫我播種。」這樣的要求。

同時，也讓後藤先生試吃當時非常受到歡迎的西洋的大蔥，讓後藤先生對於我所要求的味道有些概念。

後藤先生很熱心，而且非常認真的幫我種蔥。

接下來的每年，都從蔥田裡選出粗壯的蔥來取種。隔年、再隔年，一直重複同樣的作業，到了第三年時，紅蔥的味道變得更好，外形也更粗壯，長成了不輸世界水準的紅蔥。

一方面，與公部門和大學的教授一起進行土壤的改良研究，也做了紅蔥的說明小冊子。

透過各單位提攜合作，在紅蔥身上下足功夫。

餐廳裡，每年十一月到隔年二月的套餐菜單裡，一定會有紅蔥料理。而在這段時間來店裡採訪的單位，我也一定會介紹紅蔥的料理。現在，「紅蔥雷魚」已經是冬天的招牌料理了。

這道料理，剛好搭上當時雷魚再度流行的時機，頗獲外界好評，雜誌跟電視台相繼介紹。一定把媒體帶往生產者那裡去。讓料理跟生產者後藤先生接受採訪，提高知名度。

到東京推銷紅蔥時，也是跟後藤先生一起前往。

當松屋銀座店在地下超市的食品賣場為我們設置一個販賣區時，大家都好開心「打進大聯盟了」。

百貨公司的銷售成績很好，紅蔥幾乎賣光光，也因為紅蔥的加持，最後賣場便以紅蔥為主，闢建了「庄內蔬菜」專區。

沒多久，東京內的高級蔬菜店、大阪的百貨公司也爭相搶購紅蔥。

原本在自己的家鄉完全不被重視的平田紅蔥，現在則改頭換面，變成了「銀座的優良紅蔥」而衣錦還鄉。

原本對平田紅蔥不屑一顧的在地超市，現在也開始搶著進貨。

不斷好評下，六年後，紅蔥的生產量已達原先的三倍，後藤先生的兒子，原本任職於一般公司，現在也決定辭掉工作，回鄉繼承農業。

「要種出大家所期望的紅蔥。」他說。

原本種在農田一角的細瘦的紅蔥，現在已經是名牌紅蔥了。

這是餐廳、生產者以及地方人士大家團結起來，彼此各盡所能，努力而得到的成果。

顏色鮮明的平田紅葱，在「平田紅葱部會」前會長後藤博先生等人的努力下，改良品種，並通過特許廳的地域團體商標制度同意，將平田紅葱登錄為一種品牌。

因應不同需求，農產品的味道以及外形也有所不同

消費者	料理店	市場・流通	小賣店・百貨公司	加工品
縣內的人 建立粉絲 縣外的人 不到當地就吃不到	味道 稀有 獨特性的食材	大量 大小・形狀	獨特性的食材 一定程度的數量 衛生管理	形狀大小不必一致 適合加工的大小 具有故事性的食材

地方小酒莊進化為一流酒莊

一個庄內年輕人的決心，打造出地域的象徵。山形的年輕酒莊，現在很熱門。

〔對談〕
庄內田川農業協同組合
月山葡萄酒山葡萄研究所
阿部豐和先生

——**（編輯部）**先能否談談與奧田先生相識的過程？

阿部　從東京農大釀造學科畢業後，我曾在日本酒的酒廠工作過。辭掉之後，還是想從事釀酒相關的工作，因此進了現在的公司。但那時還沒有參與釀造葡萄酒的工作。剛好有從小就認識的朋友在阿爾卡契諾餐廳工作，介紹我跟奧田先生認識，一開始沒想太多，就帶著自家公司的葡萄酒前往拜訪。結果奧田先生毫不客氣地就說「這種酒一點都不好喝」。

> 無論如何，我都想挑戰釀造出理想中的葡萄酒，我覺得這些經驗一定可以成為寶貴的資產……阿部

奧田　那酒太甜了。當時的葡萄酒大約都是拿來當土產送人，所以甜口味的酒是主流。月山酒莊是庄內唯一的酒莊，所以我對他們的期望很高。我是希望他們能夠做出搭配用餐的葡萄酒，不過，要改變生產路線，並不是那麼簡單的事。

正因為有過這樣的前因，所以，當店裡的員工介紹說，他將來要從事釀酒的工作時，我覺得這真是千載難逢的機會，便請他來家裡喝酒。

阿部　第一次見面，奧田先生就說要品酒，便請我到他家裡去，請我喝了各式的酒、還為我做了料理。我第一次知道，原來葡萄酒是要搭配料理的，那時還聽不慣葡萄酒配餐（Mariage）這種說法。

奧田　由於那時我自己也還年輕，非常熱情。立志要推動庄內成為美食之都，配合飲食的葡萄酒當然不可或缺。

相信阿部先生一定可以辦得到，所以，把我所珍藏、打算在特別的時刻才要開的葡萄酒，一次開了好

月山葡萄酒山葡萄研究所
「SOLEIL LEVANT 甲州 sur lie」
國產葡萄酒評選會（二〇一五年起改為日本葡萄酒評選會）中「甲州辛口部門」獲得三次銅牌、兩次銀牌。二〇一四年獲金牌獎。在另一個國內的葡萄酒大會日本葡萄酒 challenge 大會中獲得銀牌。

「研習會」
在阿爾卡契諾開始舉辦研習會，由專家前來授課等，經年累月的研習，彼此關係也更緊密。

多瓶，做了搭配的料理，一面說好好喝，一面喝光光。

阿部　那時的確……喝到半夜三點多左右吧。

奧田　那天開的都是平常不太喝的葡萄酒，因為太好喝的緣故，就喝開了。最後兩人都喝得很醉，我緊握阿部的手，直視著他的眼睛說：「你一定要做出這種味道的葡萄酒哦。」而阿部喝到眼睛都紅了，回答說「我……我知道了！一定要！」

——後來總算開始釀造葡萄酒了嗎？

阿部　奧田先生做了很多料理，為我準備了搭配那些料理的葡萄酒，自此在我心中，產生了葡萄酒要搭配料理的想法。當時國產的葡萄酒幾乎都未曾出現在各餐廳的酒單，葡萄酒只有單喝的習慣。

　日本酒是日本足以在全世界自豪的獨一無二的酒，但葡萄酒卻是在全世界各地釀造的酒類。因此，我開始想，如何釀造出具有日本特色的葡萄酒。

　之後，我在酒類總合研究所研修了半年，那時接觸到山梨縣稱為「甲州」的葡萄品種，讓我相當感動。事實上，庄內一個叫做櫛引的地區，也有生產甲州葡萄，而且栽種歷史可上溯至江戶時代中期。也是日本最北端的葡萄產地。所以我想利用那種葡萄來釀酒。

　不過那時，甲州葡萄在我們公司，都是用來釀製口味帶甜的酒，或是調配其他的白葡萄品種。不曾單獨使用甲州葡萄來製作辛口的葡萄酒。回來的第一年，我什麼也沒辦法做。二〇〇五年，回來的第二年，我拜託公司，好歹先讓我試做一支酒看看。因此試驗性的釀了五百公升的甲州葡萄酒。

——公司都沒有說什麼嗎？

阿部　當然反對。而且那時我還算是新人，上司也持反對立場。但是，無論如何，我都想挑戰釀造出理想中的葡萄酒，我覺得這些經驗一定可以成為寶貴的資產。

　周圍的人都不抱期待，也不覺得我能做出什麼成績，只說，真的想做的話，那就去試試看吧。光是這樣，我就很高興了。但誰都不覺得這是可以賣錢的商品。

　甲州葡萄若是用一般的釀製法，根本沒有魅力，乏善可陳，所以到目前為止，用甲州釀的酒都被認為不好喝。但是，我找出適合自己的釀製方法，一種稱為sur lie的釀造法，但當時公司裡沒有人聽過這種釀製法，所以我四處問人，四處找資料，全靠自己摸索。

我緊握著阿部的手，直視著他的眼睛說：「你一定要做出這種味道的葡萄酒哦。」……奧田

「收穫季」

這是用法文以及庄內方言組合出來的字。總之就是「葡萄酒」的意思。這是酒莊自己內部交流所形成的大型活動。

●阿部豐和

曾在東京農業大學學習釀造學，畢業之後曾任職於清酒商。辭職之後，任職於月山葡萄酒。現以釀造家的身分從事釀造工作。興趣是獅子舞（與傳統藝能相關的事）。

——那時有多辛苦呢？

阿部　首先，沒有工具。只有一台用來壓碎葡萄的老舊機器，無法同時壓榨葡萄又能管理溫度，所以我只能在水管上打洞然後接上水源，一點一點潑水進去，然後用電風扇來降溫，一直忙到半夜。

公司的人大概也覺得困擾吧，因為他們問我，做到這種程度，到底有什麼意義？

奧田　那時阿部先生在公司裡的處境很艱難吧。去找他的時候，也可以感覺到他正處於碰壁的狀態。

一人孤軍努力時，腦海中浮現的，都是奧田先生珍惜對待傳統作物的模樣……阿部

阿部　那瓶酒在全國評選會上，一下子就奪得了銅牌。因為得了獎，公司的氣氛也為之一變，也認同我的作法。

奧田　我也嚇了一跳。心想：「咦？這麼快就有成果了呢～。」

阿部　僥倖啦。葡萄好的關係。但在那之後，甲州葡萄就全部改做成辛口的葡萄酒。

山形的甲州葡萄，與山梨縣的甲州葡萄不太一樣。氣候不同，所以不一樣也是理所當然的，山形甲州有著非常漂亮的酸味，相當有餘韻。山梨的甲州的酸味不足，因為山梨比較溫暖，因此甜味明顯，酸味就被蓋過了。但是鶴岡的甲州不用補強酸度，也有著明顯的酸味。

對白酒而言，酸是非常重要的成分。提升糖度之後，還能保有這樣的酸度，這樣的葡萄，是其他地方所沒有的。

我是以寒帶的印象來釀酒，現在也持續這種想法。山梨產的甲州非常圓潤多汁，可以做出非常扎實的葡萄酒，但我不這麼做，我想要的是帶有頂級的香味，味道密度中等，再來就是要有漂亮餘韻的葡萄酒。

奧田　這項決定非常正確。這瓶甲州葡萄酒，每年都持續獲得銅牌或是銀牌，終於在去年奪得金牌。在日本可以贏過甲州的原產地山梨縣，獲得金牌，是件非常了不得的事啊。

阿部　一年一次的國產葡萄酒評選會，分有各種部門，甲州有辛口跟甘口兩部門。

辛口部門的金牌，幾乎每年都是山梨縣拿走，山梨縣以外產地的甲州葡萄奪得金賞，我們還是第一家。

所以，去年我們拿到金牌時，獲得的回響也相當相當大。

奧田　對對對，被選為日本最頂級的七種葡萄酒之一，一下子就全賣光了，要下單時也說賣完了，好過份唷，應該分一點給我們店裡用啊。

拿到金牌時，我既開心，但心情也很複雜。簡單來說，我們家的阿部，成為大家的阿部，其實有點落寞。但是能夠熱賣成那樣，又該怎麼說呢？總之，太好了啦。

阿部　所以啊，我今天也帶來了試作品。

奧田　噢！快來開酒。真是太棒了。這是我們庄內的驕傲，真的是令人開心了。恭喜恭喜，乾杯！

阿部　乾杯！謝謝你。

自己一人孤軍努力時，腦海中浮現的，都是奧田先生珍惜對待傳統作物的模樣。

那時，這裡的甲州葡萄，也幾乎沒有需求，很多農家也想放棄，公司也打算放棄使用甲州葡萄。

不過，從江戶時代起的歷史，還是令人想要保留。這樣一想，我所能做的，就只有利用它們來釀酒了。

葡萄酒也算是土地的產物。堅持使用在地作物的奧田先生的作法，很值得我參考。雖然從外縣市也可以買到很好的葡萄，但我堅持不買。

葡萄酒基本上屬於農產品，該如何保留原有的個性做表現，是勝負的關鍵。重視該作物的特性來釀製，我覺得這才是最重要的。

——感覺現在山形的年輕酒莊生氣蓬勃。

奧田　是啊。阿部爆紅之後，山形縣的年輕人也趁著這股氣勢而起。朝日町葡萄酒今年也獲得兩項金牌；酒井酒莊的品質也急速上升呢。

阿部　縣內有十二座酒莊，二〇〇九年時，在奧田先生的店內開了一次研習會。在那之後就有了相當大的變化。

在那之前，也有所謂的協會，但是彼此之間並沒有什麼交流。但在阿爾卡契諾聚會過一次之後，大家開始聚在一起研習，現在也還持續中。

剛開始聚會時，各家公司會帶一瓶自家的葡萄酒來，再委託奧田先生做出搭配的料理。

隔年，在東京銀座的山形San-Dan-Delo◎也辦了相同模式的研習會。不斷重複累積經驗後，我也理解了料理搭配葡萄酒的美味。為了讓更多客人也能了解，我們也在San-Dan-Delo舉辦了名為「收穫祭」的山形葡萄酒的品酒會。在什麼都不懂的情況下，我們自己賣票、申請補助金、招募志工，全部自己來。

舉辦過幾次，參加者一次比一次多，最後在地的企業也開始贊助我們的活動，結果在東京辦過三次之後，終於在今年五月，將舉辦山形最大規模的「在地葡萄酒收穫祭」。

奧田　在研習會中，可以感受到大家的志向，彼此競爭之餘，也提升了自家葡萄酒的品質。

「收穫祭」也是因為大家集合起來，激勵彼此士氣，才能形成這麼盛大的活動。這個活動也將帶動山形的年輕人，釀出更好喝的葡萄酒。

在山形舉辦的收穫季變成如此盛大的活動，我自己也很驚訝。客人也很會喝，所以葡萄酒前的隊伍也不是普通的長。我的店裡也有去擺攤，但是人群長得看不見尾，後來看報導，才知道有五千五百多人到場。

阿部　在山形本地舉辦活動，讓大家重新發現自家的葡萄酒以及地方食材的美味，是一件相當開心的事。在地的人多可以了解這點，令人感慨良多。

奧田　山形的武田酒莊，牽引其他酒莊的龍頭地位，已逝的武田重信先生，是為山形釀酒打下基礎的人。如今，年輕一輩繼承其精神，帶動全山形的釀酒事業，這樣想來，的確是令人深深感慨，從內心感到高興。

在研習會中，可以感受到大家的志向，彼此競爭之餘，也提升了自家葡萄酒的品質……奧田

◎譯註：山形 San-Dan-Delo 是奧田主廚於東京銀座開設的餐廳。

庄內的農家相當堅守自己的農業本位，這是塊有歷史的土地……奧田

——阿部先生未來有什麼目標？

阿部　或許與奧田先生有點像也不一定，但我非常想要確立所謂葡萄酒的產地。庄內非常廣闊，像朝日、櫛引、酒田的袖浦，這些地方都是相當可觀的葡萄產地。而我想要做出可以展現每塊土地不同個性的葡萄酒。

不只現有的品種，也打算種植新的品種。這十年來，以甲州的產地，做了很多嘗試，現在要做的是，預測十年、二十年後的事。所以現在開始增加歐洲系的葡萄，白酒的話是灰皮諾、瓊瑤漿、白蘇維翁。紅酒則是赤霞珠、梅洛葡萄以及黑比諾，總共六種。選擇適合這些葡萄的土地來種植。

這是相當花時間的工作，我們依然很重視甲州葡萄，但也準備要進入下一個階段。

現在農家也邁入高齡化，實際上也有很多農家廢耕，七十歲以上的農家佔了七成以上。要說服這些高齡的農家為我們做新的事業。所以就像奧田先生教我的一樣，先仔細地向農家說明，以後他們種出來的葡萄，會像這樣釀製成葡萄酒。

當然，我一個人是成不了什麼事的。所以我的上司也一起跟我去向農家拜託。我們的組織是公會，常被說是頑固、很難改變的組織，但相對的，跟農家的距離也是最接近的，有金錢也不可取代的信賴關係。

企業所應該要做的，就是守護農家。這關係到葡萄酒的釀造，這樣一來，山形庄內、鶴岡一帶的農產，也會變得更好，成為令人自豪的產地。

接著，也一定要前進海外，與農家一起接受評論。當初奧田先生請我喝的葡萄酒，感覺到名為世界的競賽場。而我以那為目標。

或許在我這一代還做不到，但是，或許我能做的，就是逐步打下基礎。

我之前的上司也是如此，把原本並未種植葡萄的朝日地區，變成葡萄的產地。而我，則負責下一個階段，確立葡萄酒的產地。這也使我朝更高的目標前進。就這樣一步一步的往前進。拿著現在正開始種植的葡萄，給未來的釀造家們，一個更寬闊的舞台。

——地方的小型酒莊要能做出成績，最重要的是什麼？

阿部　我認為是人。葡萄酒也有所謂的「風土條件」，好的葡萄由土地決定。但我覺得其中人的成分很重要。先有人，才有風土。

光靠一個人，是做不出葡萄酒的。在這層意義上，也要培育人才，這也如同奧田先生所說的，讓產地有活力，也是我們公司所追求的目標。我們還有待前進，但是我們正一點一滴的努力中。

「風土條件」的關鍵是人，先有人，才有風土。讓產地有活力，也是我們公司所追求的目標……阿部

1、2 二〇一五年五月，第一次在自己的山形市舉辦「在地葡萄酒收穫祭」。十一點開始，不到一小時就已經出現這麼長的隊伍。有五千五百人參加。 **3** 山形縣知事吉村美榮子也到場。代表山形縣支持這項活動。 **4** 山形縣酒莊內大老般的存在，武田酒莊的岸平典子。年輕時的我常常接受叱責、鞭策我成長。 **5** 與收音機節目合作，進行實況轉播，很多人聽到廣播之後，也趕來現場。多方面的宣傳，是相當重要的。 **6** 客人也相當投入，跟著一起「乾杯」。參加者融為一體，盛況空前。

——人如果成為風土的一部分，那麼庄內的風土，又是什麼樣的風景呢？

阿部　這裡的人都很親切。真的。比如說，跟對方說我們想要做這樣的東西，會回應我們的要求，即使有些要求很無理，但只要拜託他們，總是會努力回應我們。

我覺得這裡的風土就是那樣的和善。如果不是如此，甲州葡萄也不會持續代代被種植下來。其實庄內的甲州葡萄也曾有過滅絕的危機，大約是大正年間（一九一二～一九二六年）當時的農家自行成立農會，從那時起又重新復興葡萄的種植，才有今天的產地留下來，也就是現在的月山葡萄酒。

回顧以往漫長的歷史，人與人之間的連結，才能形成現在這塊產地。有志之士在的地方，那個地方就能變得更好。

奧田　跟農家往來的過程中，我也有感受到這點。庄內有很多熱心、愛好研究的農家，彼此之間相當團結，且堅守自己的農業本位，這是塊有歷史的土地。我也想藉由料理，把這些農家的想法散播出去。聽了阿部的話，更讓我加深這種想法。

阿部　老實說，我完全不懂料理。但奧田先生最讓我佩服的是，一旦決定的事，就不會改變。就像推動美食之都庄內一事。

這種人真的很少見，而且這種人剛開始都會被當成是怪胎，被人排擠，但現在像奧田先生這樣，背負著庄內的責任，連結各種事物。

我還有很多事情待學習。但是我很想成為那樣的人。不只是我，山形所有酒莊的人，想必也都是如此。

葡萄酒的活動也是大家一起來做，這是其他縣所沒有的，也可以說，只有山形辦得到。就這層意義來看，這十年來，有很多事情都在一點一點地改變中。回顧以往，我是這樣想的。

將飲食習慣變成飲食文化

在這十五年間，我所從事的工作，用一句話來表示的話，就是傳述飲食習慣，將之形塑為飲食文化。

將日常生活中「毫不起眼、卻給人帶來溫暖」那樣的一個生活場景，如同文字所示，透過話語（文）潛移默化（化）的作業。

談論大家收集來的食材，聽專家演講，有時也會有爭議，但不論如何，大家總是笑容滿面。

祖先代代傳承下來的日常生活的智慧與技巧，地方的人集結在一起，重新確認。

這些不斷累積下來之後，庄內終於被稱為美食之都。

地方的機場被稱為「美味庄內機場」，鶴岡市也被聯合國教科文組織的全球創意城市網路認定為「美食之都」。

下一個階段則是與全世界聯手。飲食文化是跨越宗教與語言的障壁，讓人與自然相結合、和平的礎石。

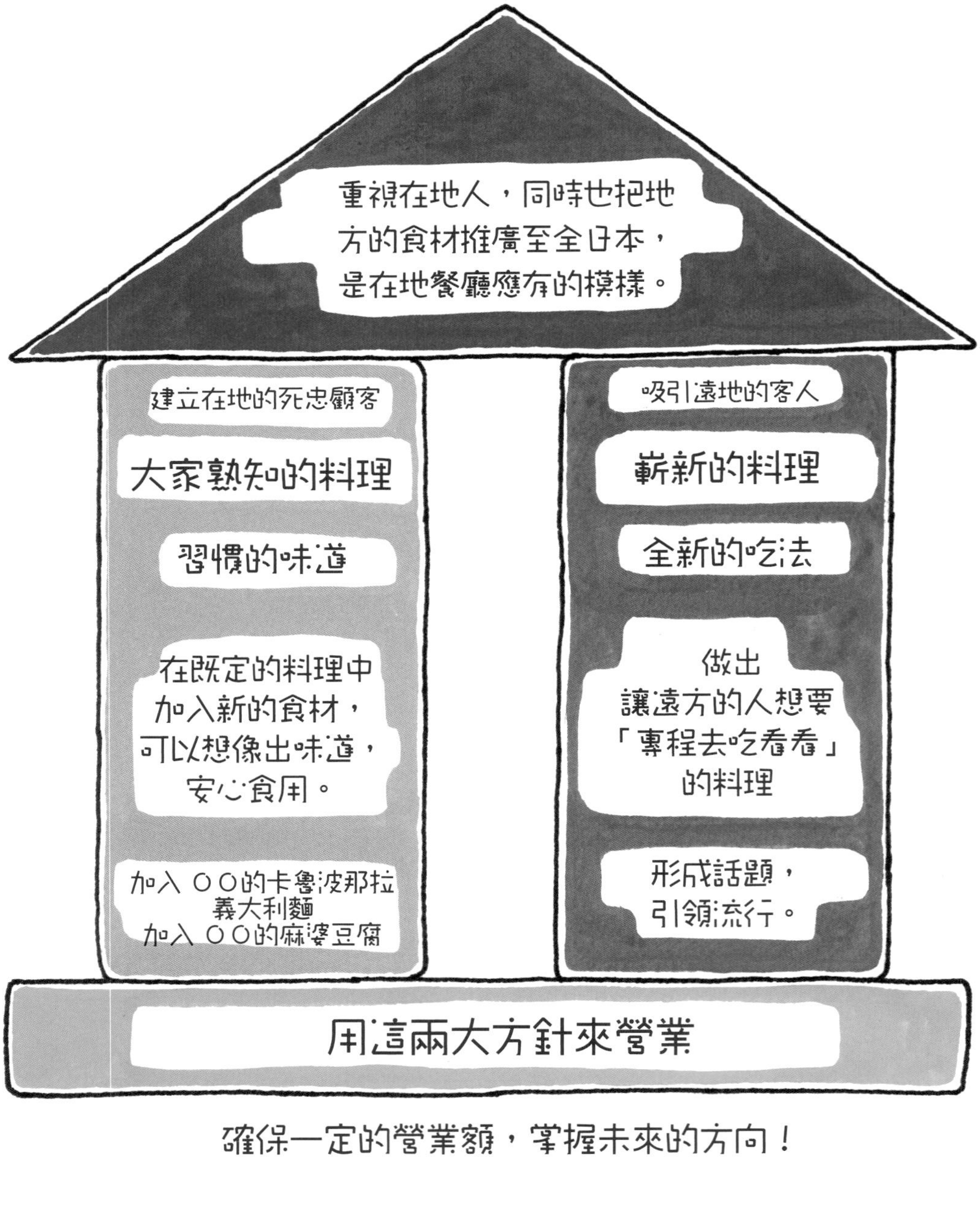

重視在地人，同時也把地方的食材推廣至全日本，是在地餐廳應有的模樣。

建立在地的死忠顧客

大家熟知的料理

習慣的味道

在既定的料理中加入新的食材，可以想像出味道，安心食用。

加入〇〇的卡魯波那拉義大利麵
加入〇〇的麻婆豆腐

吸引遠地的客人

嶄新的料理

全新的吃法

做出讓遠方的人想要「專程去吃看看」的料理

形成話題，引領流行。

用這兩大方針來營業

確保一定的營業額，掌握未來的方向！

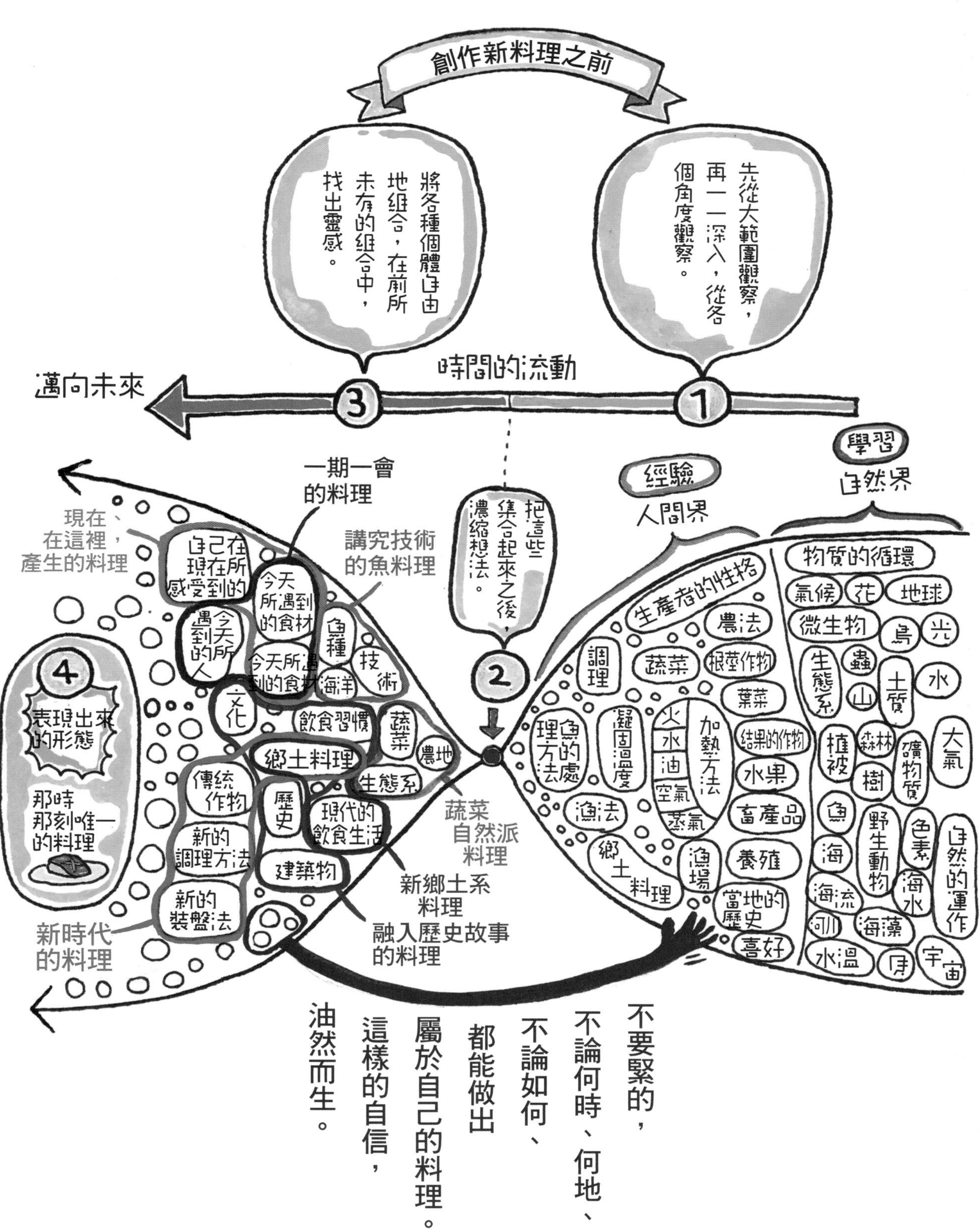
創作新料理之前
先從大範圍觀察，再一一深入，從各個角度觀察。
將各種個體自由地組合，在前所未有的組合中，找出靈感。
時間的流動
邁向未來
把這些集合起來之後，濃縮想法。
經驗
人間界
學習
自然界
一期一會的料理
現在、在這裡，產生的料理
講究技術的魚料理
蔬菜自然派料理
新鄉土系料理
融入歷史故事的料理
新時代的料理
表現出來的形態
那時那刻唯一的料理
自己在現在所感受到的
今天所遇到的食材
今天所遇到的人
今天所遇到的食材
魚種
技術
海洋
文化
飲食習慣
蔬菜
農地
鄉土料理
生態系
傳統作物
歷史
現代的飲食生活
新的調理方法
建築物
新的裝盤法
生產者的性格
農法
調理
蔬菜
根莖作物
葉菜
魚的處理方法
凝固溫度
火
水
油
空氣
蒸氣
加熱方法
結果的作物
水果
畜產品
漁法
鄉土料理
漁場
養殖
當地的歷史
喜好
物質的循環
氣候
花
地球
微生物
鳥
光
生態系
蟲
山
土質
水
植被
森林
礦物質
大氣
樹
魚
野生動物
色素
海
自然的運作
海流
海水
河川
海藻
水溫
月
宇宙
不要緊的，不論何時、何地、不論如何、都能做出屬於自己的料理。這樣的自信，油然而生。

第2章 用料理傳達自然界的聲音

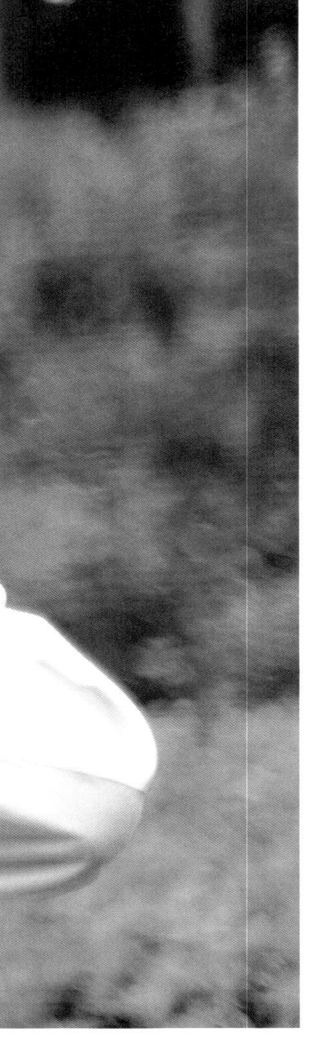

正視食材，
保持觀察自然生態的心。

了解地球運轉的道理，
了解地域風土，
從水、土、風，還有光，
就能看見生命的源頭。

尊敬那培育食材的自然，
感受食材生產者
灌注心血培育的心意，
製作料理時，
把食材想要告訴大家的訊息，
好好地表現出來。

我傾聽食材的聲音，
幫它表達出來。

注入了新生命的料理，
將在顧客的口中，流傳不休……。

我是這樣看植物的

我把地球分為自然界以及人間界兩種。

地球上，以自然的運轉而構築出來的，我稱為自然界。而人類以自己的喜好而打造出來的社會，稱為人間界。

我現在是餐廳經營者，所以我必須活在人間界的規則中。

但是，從某個時刻起，我把我的料理，以自然界的規律來思考。

那是有理由的。

身為料理人，還未成熟之前，我並不像現在一樣，從食材本身條件來思考。恐怕很多人現在也是一樣，只是把食材套進義大利料理的食譜中。

有一天，我視為老師般尊敬、種植香草的農家山澤清先生，來餐廳用午餐。

當天，我大展身手，用了當令最好的櫻桃，做了甜點。把櫻桃包在杏仁奶油中，做成水果塔端出來。調配得宜的火候，讓水果塔帶著適度的焦黃，是我的自信傑作。

可是山澤先生只吃了一口，就剩下來，沒有再吃第二口。

離開的時候，山澤先生說，「感受不到水果的心情啊。」

那時，我不懂山澤先生話裡的意思。

午餐營業時段結束後，我馬上到櫻桃園裡，那座櫻桃園的農家，讓我隨時都可以去採收我要用的櫻桃。

平常的話，我總是選最大顆、顏色漂亮的櫻桃，放入口中確認味道，如果找到夠甜的果實，就在同株上多採幾顆。我認為這就是採收櫻桃的方法。

再說，櫻桃的心情是什麼東西呢？

在樹邊轉來轉去，怎樣也想不透。

想不出來，我坐下來把背靠在樹幹上。

「啊……啊」，抬頭往上看到櫻桃時，我不禁叫出聲音。

由下往上看的景象，跟從外側看到的櫻桃樹，是完全不一樣的植物。

映入眼簾的是，拚命想要向外伸展，四面八方擴散出去的枝幹。

背部所感受到的是，不論風如何吹，動也不動的堅強的枝幹。屁股下感受到的是，緊緊抓住土地的可靠的樹根。

而青綠茂密的綠葉，更襯托出深紅色櫻桃的艷麗。「這裡的果實很甜美哦」，引人伸出手指去摘取。

「原來如此。櫻桃樹希望果實被食用，所以拚命引誘動物前來。」

意識到這點之後，從那天起，我便改變作法，正視食材本身想傳達的訊息。

植物有自己的想法，也有意識。

櫻桃樹為了將種子留下來，所以希望動物們前來吃櫻桃。

理解這一點之後，來吃櫻桃的生物所看見的櫻桃、從櫻桃樹的角度所看見的生物，就能發現，原來櫻桃樹的形狀以及顏色，都是有意義的。

我所理解到的就是，像櫻桃這種

希望被食用的植物，生吃就非常美味了。

然而，我卻把櫻桃放入塔皮裡，再放進烤箱裡用火烤。而且還加上了比櫻桃更甜的杏仁奶油醬裡，完全無視櫻桃的心情而調理。

這就是山澤先生所說的「感受不到水果的心情啊。」

在那之後，我會站在我每天遇到的食材的角度，那些食材的企圖是什麼，再依據它們的想法來考量料理的方式。

要如何結果、要長出什麼樣的味道，好吸引動物前來，要怎樣才能保護自己以及種子，免於被外敵和自然災害所傷害。

只要能理解植物的企圖，就能理解食材帶有何種特性。

也因此，從那天起，我的料理有了一百八十度的改變。

想被動物吃掉以及不想被吃掉的植物

用另一種方式來看植物，我發現，我們所食用的植物大致可以分成兩大類。

「想被動物吃掉的植物」以及「不想被動物吃掉的植物」。

想被吃掉的植物，大致上屬於果實、果菜之類，由種子長成的植物。

這類的植物，多數都是藉由動物散播種子而繁衍。

所以這些植物都希望，鳥或是動物來吃掉它們。

自己不能動，所以只能站在原地，大聲宣傳，吸引鳥類前來。

想像自己是櫻桃的話……

「啊，在那裡飛來飛去的烏鴉，好想被它們吃掉啊。」

站在地面望著可以飛得又高又遠的烏鴉，大概只會想著這件事吧。

所以，在一片綠色中，把自己長成了鮮艷的紅色，就希望能夠很快被發現。

味道更重要。

努力的從根部吸收營養，進行光合作用，長出散發香氣的果肉，把種子包覆起來。

只要被吃掉，就是成功的第一步。接下來就全權交給烏鴉們，隨它們飛到任何地方，再與糞便一起被排出，落到地面就好了。

也就是說，想要被吃掉的植物，為了被動物喜愛，盡全力進化成今日所看見的樣子。

我更認為，番茄是鎖定人類為唯一目標的植物。番茄原本是沒有甜味、也不好吃的植物，但如今卻擁有無比的魅力，受到全世界喜愛。

搞不好，番茄也是有天突然發現，如果被人類吃掉的話，就可以把自己帶往全世界也不一定。

換做這樣想的話，那就不是人類改良、培育番茄，而是被番茄引誘，人類其實是被番茄給利用了。

另一方面，不願意被吃的植物，主要以根菜類以及葉類植物為主。

以蘿蔔為例來說明。蘿蔔長在土裡的白色部分，是為了度過寒冬，好在春天綻放花朵，也就是貯藏營養的倉庫。

如果被動物或蟲吃了，那就無法繁衍下一代了。

所以為了不被吃掉，蘿蔔盡全力防衛自己。

蘿蔔在外皮安排了動物會討厭的味道。皮的部分有苦味以及辣味。在自然界裡，苦味以及辣味代表毒物。

如果老鼠要來咬蘿蔔的話，那麼外皮會先散發討人厭的氣味，告誡老鼠「這有毒，不能吃。」

「想被吃掉」的植物，以及「不想被吃掉」的植物。

這兩種植物的思考方式，成為我料理的新起點。

想被動物吃掉的植物

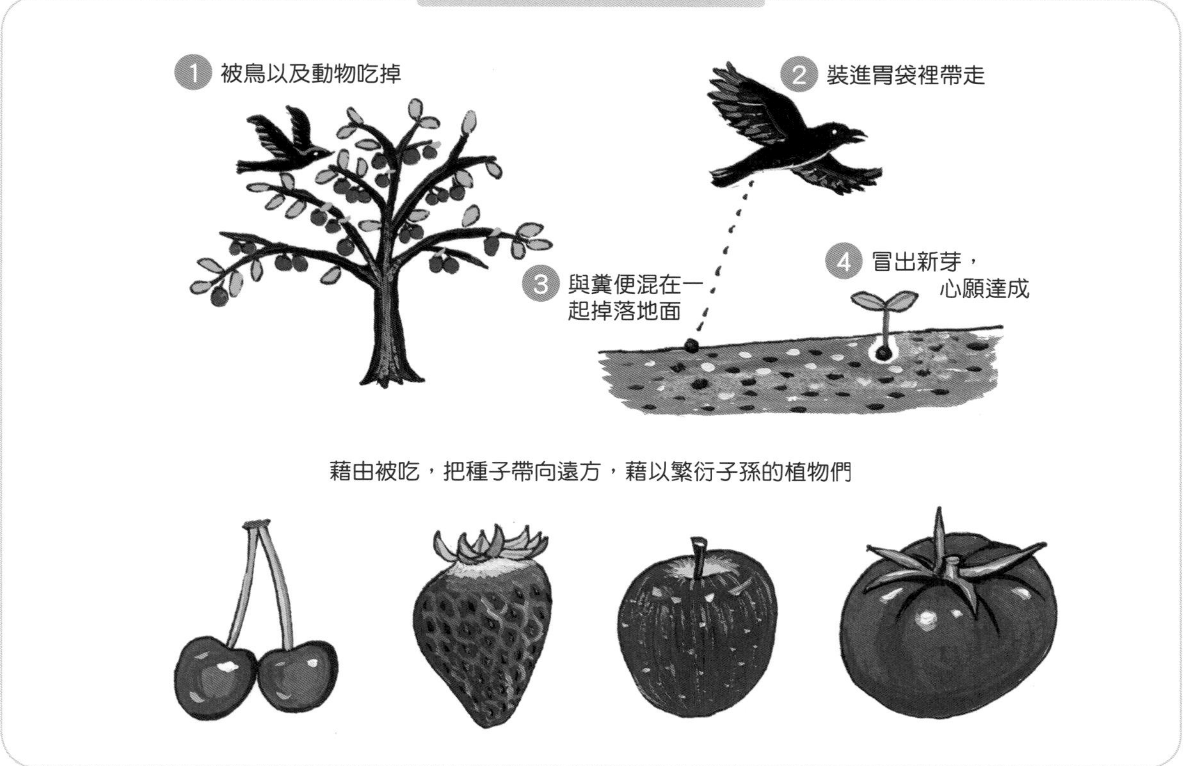

完全不想被吃掉的植物

貯存能量的部位，是動物們的目標，因此全力禦敵

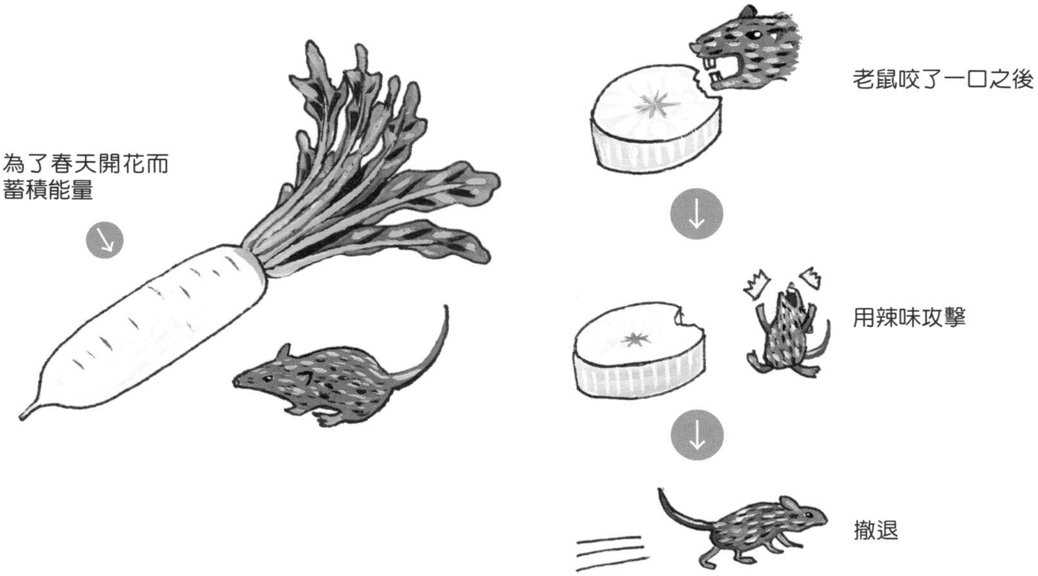

為了春天開花而蓄積能量

老鼠咬了一口之後

↓

用辣味攻擊

↓

撤退

從植物的角度，思考烹調方式

一九九五年左右，日本很流行一道義大利料理「冷製番茄天使細麵」。

看一下當時的食譜書，上面寫著「把番茄切開後，撒上鹽，加上蜂蜜以及白酒醋，用帶有蒜頭香味的油，醃約半天」。

每樣材料都很美味，這樣做出來的料理鐵定好吃。

但是，用了太多調味料，番茄本身的味道早就蕩然無存了。

這道料理之所以會大流行，是有理由的。這是一道與日本物流系統有極大關連的食譜。

經由市場來到店面的番茄，因為考慮到運送的時間，所以通常在番茄還是青綠色的時候就採收下來。

在這狀態採收的番茄，甜味跟酸味都比較少，再加上在貨車上長途顛簸振動，還會增加一點苦味。

使用這種番茄來做冷製天使細麵的話，想要好吃，就得加蜂蜜來補充甜味，再加上白酒醋來增加酸味，再利用大蒜來統合這兩種味道。

那麼這道料理，是否考慮到番茄的心情呢？

庄內有位井上馨先生，種出很棒的番茄。

井上先生讓番茄在枝頭上完全成熟，所以有充份的酸味以及口感。將番茄渴望被動物所吃的企圖，完整地呈現出來。

將這種心情展現在料理上，便是以下的食譜。

①用手接觸番茄，會使番茄的香味消失，所以盡可能減少碰觸的次數，以保有香氣為優先。

②因為不想加熱，所以不必先燙煮。切成楔形，再用菜刀去皮。不要破壞番茄的細胞，所以不要過度搖晃。

③拿出一個大碗，用蒜頭在碗壁擦一下，只要些微的蒜頭香味就好，接著再投入番茄。

④為了引出番茄的味道，得借助鹽的力量。但只要撒上一小撮就好。再倒入橄欖油，用橄欖油裹住番茄。

⑤把煮好的天使細麵冷卻之後，用布巾仔細去除水分，放進③裡面，再輕輕攪拌。

有份雜誌在介紹這道料理時，如此寫著：

「阿爾卡契諾的番茄天使細麵非常美味……明明什麼也沒有加。」

料理直接表現了酸酸甜甜的成熟番茄的滋味。傳達了番茄的意思而已。

另一方面，不想被動物吃的植物，透過加熱調理，就能讓人類毫無疑問地吃下去。

想被動物吃的植物不要加熱，而不想被吃的植物則用火調理，這是我所領略到的料理法則。

把料理當成「自然界中的食物來思考」，還是「人間界的料理來思考」，就會有不同的結果。

從植物的本性和企圖來思考，據以找出最合適的料理方法，就是對自然的尊重。

想被動物食用

冷製番茄天使細麵

不要抹殺它們想被吃掉的心情，請用生食享用。

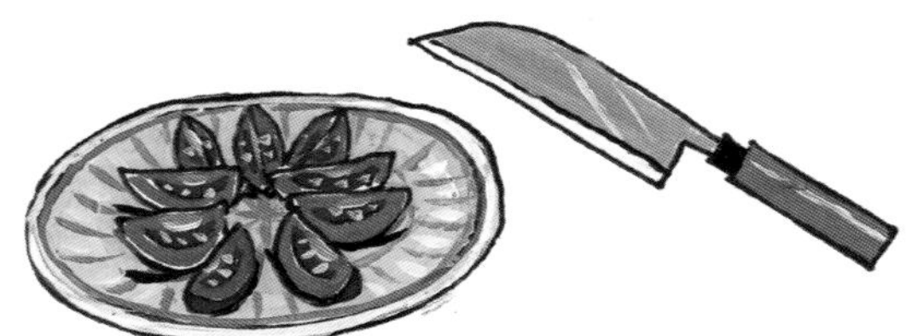

不想被動物吃掉

用火加熱。

阿爾卡契諾風鰤魚蘿蔔

削掉帶有辣味的外皮，中間甜味的部分，
直接生吃。

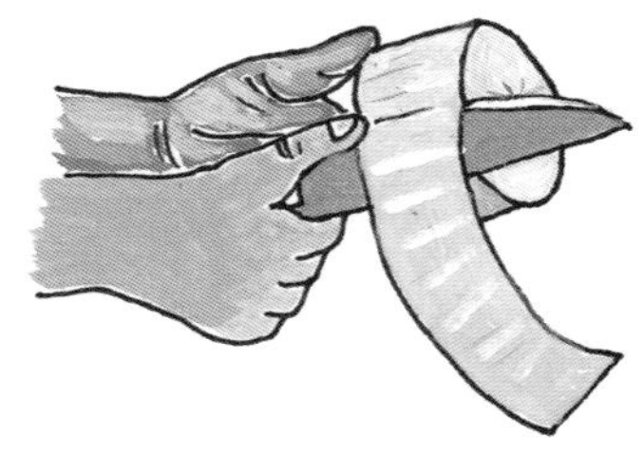

反向操作不想被吃掉的心情

磨成泥＝被動物咬齧過的狀態

磨擦生熱＝感到動物的體溫

酵素產生作用，味道變辣。

藤澤蕪菁佐托斯卡尼杏仁餅乾

形塑蔬菜味道的大自然

蔬菜會因為自身的目的，而產生該有的味道，我稱為「基因所擁有的味道」。另外還有一點是「環境的各種因素作用下產生的味道」。蔬菜的味道就是由這兩點而形成的。

我曾經為了追求完美蔬菜的味道，而開始從事農業。既然對蔬菜講究，那麼當然就要從土壤著手。料理的準備工作是從土壤開始的，說得一點也不為過。

開始動手之後，就知道那是一個非常深奧的世界，一旦把頭探進去，就深陷其中，一天二十四小時根本不夠用。這樣下去身體實在吃不消，我只好放棄。

取而代之的是，我決定要培養能夠找出良田的眼力。許多的農家教我很多事。土壤、水、植物的生態、太陽光、細菌等等。

總合起來，就是64、65頁的圖。

首先，從宏觀的視點來看待這塊土地。

利用地圖、照片，或是搭乘飛機的時候，鳥瞰這塊土地。農地背景的山，是非常重要的資源來源。

以庄內平原為例，春天，月山的融雪會流到平原上。

月山因為闊樹林分布的關係，雪水會含有比較多的鉀離子。而鉀離子是植物所需的三大營養素之一，可以讓植物的根，健康成長。

庄內的米之所以好吃，也是拜這個流過山的表層，一口氣流到平原的雪水的功勞。藉由這些，來認識這座山。

山脈的西側以及東側，是什麼樣的岩石，植被是針葉樹林，還是闊葉樹，河川會流向何處，風的方向又是哪裡，會帶出濕氣的山的地形是什麼，農地如果是位於斜面，又是對著山的那個方位等問題。

所謂優質的農田，大致來說，就

附應自然的生產者的農地

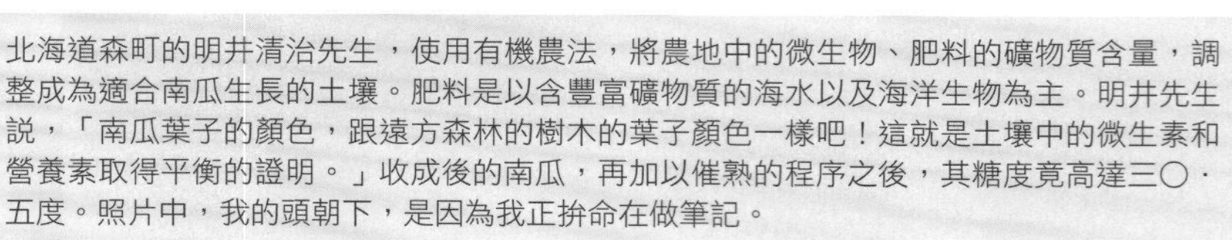

北海道森町的明井清治先生，使用有機農法，將農地中的微生物、肥料的礦物質含量，調整成為適合南瓜生長的土壤。肥料是以含豐富礦物質的海水以及海洋生物為主。明井先生說，「南瓜葉子的顏色，跟遠方森林的樹木的葉子顏色一樣吧！這就是土壤中的微生素和營養素取得平衡的證明。」收成後的南瓜，再加以催熟的程序之後，其糖度竟高達三〇．五度。照片中，我的頭朝下，是因為我正拚命在做筆記。

是有肥沃土壤堆積的地方，有豐富礦物質的水流經、土壤裡有豐富微生物。

庄內蔬菜之所以美味，是因為田園有足夠濕度，所以清晨會有朝霧。而太陽上升之後，空氣變乾燥，氣溫升高，濕度下降。太陽下山後，氣溫一口氣下降，植物在白天所貯存的營養成分，不會被消耗掉。

熟悉之後，想像那塊土地的鳥瞰圖，就可以掌握到，種植在那裡的蔬菜，大致上會產生什麼味道。

接下來，從人的視線來檢視土壤。站在田地的一端，看整片田地。先看一下田地周邊的雜草。長滿茂密的問荊草、或是葉片尖尖的禾本科雜草較多的話，就表示土壤偏酸性。

土壤酸鹼度平衡的話，雜草的種類也會多樣化，特別是葉片形狀會比較圓，土壤品質愈好，心型形狀的雜草會變多。一年四季長出來的雜草都不一樣，所以最好觀察一整年。

可以的話，最好進到田裡面觀察。富含微生物、營養豐富的田地踩起來會很鬆軟。試著挖一下土的話，應該會發現蚯蚓還有蟲。周圍會有打算來吃這些蟲的鳥。相反的，使用大量化學肥料以及農藥的田地，微生物的量稀少，土壤踩起來也會覺得硬，周圍也感受不到有蜜蜂或是鳥的行蹤。

大口吸一口氣看看。蔬菜是由土裡的微生物和細菌培育出來的，所以吸一口氣，就可以知道裡面有沒有好菌在。

好的農田會散發芳香，待在裡面，呼吸順暢，讓人覺得舒服。相反地，農地裡有太多化學物質，腐敗性細菌含量增多，沒辦法順暢呼吸。再來看一下風的方向。

從植物葉片的變動，來確認風的路徑。看著葉片上下規律和緩擺動的樣子，可以看見風的路徑。

葉片和緩的擺動，可以刺激植物荷爾蒙，讓蔬菜的根更為扎實地成長。風太強的話，蔬菜的葉子不斷翻動，為了耐住強風，蔬菜會產生苦味，纖維也會變粗

學會辨識地形的話，當食材送到手中，品嘗其味道時，大概就可以想像出栽種這些植物的是何等風景。

北海道瀨棚町的富樫一仁先生，使用自然農法種植當地傳統作物「鶴之子大豆」。我第一次造訪這片農田時，土地相當堅硬，四周被一片無聲的靜寂所包圍。但是，嘗試大豆與雜草共生的這三年來，土壤變得鬆軟，濕度提高，蟲及鳥類的生態系也變得豐富。大豆有著柔和的甜味還帶點苦味，相當均衡的好味道。富樫先生說，「播下種子之後，馬上發芽的種子會一直成長，但發芽速度遲緩的種子，會被鴿子把土挖開後吃掉。這種大自然的淘汰力量，幫助我們留下好的品種。」

的所有原因
雨水中氮以及磷的含量高
PM 1:30
橘色波長
早晨的波長可以促進光合作用保持澱粉質新鮮的物質＝夕陽可以增加抗氧化物質
晨光會增加菌根菌，夕陽增加酸酵菌
如果是豐饒的山林，會減少水中的氮含量
收成前的結果 雨雲的通道○
PM 3:00
紅色的波長
西
西風
雷可以引出菇類的負離子
坡度愈接近三十度，水的流動性較佳、風的吹拂方式也比較好
果實長得好
夕陽
風
讓葉子像跳動般輕柔的風，可以促進食物成長，根紮得更深。
氮以及磷變多的話，水會變濁
流經闊葉樹林的水，含有豐富的鉀離子
橘色波長經海水反射，威力up
砂地易於用氮、磷、鉀以及鎂等堆肥來調控
河川中流旁的土壤比較好
水滲入地下
水井
夜晚是紫色的波長
水滲入地底，通過各種岩石層，富含礦物質
地下水也會從海中湧出
很多鳥類代表生態系豐富
較低的那一側，帶來小石頭，→適合種番茄
露地栽培
慣行農法
有機農法
森林農法
自然農法
木虱以及蚯蚓
溫室栽培
蔬菜
乾燥空氣 ×
溫度高 ○
氮素的關係，紅菽草很茂盛
豆科植物類葉子比較圓
溫室中若有負離子的話就好有風的話走在正中間
鬆軟適度的濕氣，腐食之後變成良質土。土不會黏在一起，空氣跟水分可以流通
相反的，撒上水，水也無法流動的話，表示缺氧、缺氧的話根部會腐爛
有保水性保肥力
看有什麼堆肥
握在手中時會有顆粒感
各種草
良
薺菜
繁縷
阿拉伯婆婆納
姬踊子草
歐洲黃菀
鴨跖草
藜草
馬齒莧

影響蔬菜味道
標高
2000m
2000m
萬年雪水，
終於不會枯竭
陰天時的
白色波長
綠色
波長
日出之後
兩小時
日出
四小時
綠色
波長
AM
10:50
前
黃色
波長
東
晨光
是紅、橘白
波長
1000m
日出
1000m
很多滋養植物的成分
闊葉樹的山谷
底堆積良質土
山毛櫸林的山，
富含水分
闊葉樹的根
會擴散，
土質安定
闊葉樹林會
落果，就有
來吃這些落
果的動物
闊葉樹林的葉子一年掉
一次，葉片柔軟
適合當腐葉土
富含根部需要鉀離子
河川的源流
像森林的毛細
管一樣
日出前
綠色的波長
針葉樹林的葉子三年才掉一
次，所以落葉比較粗、不太
會腐爛，加上根部不太外擴
，保水性不佳。
600m
600m
風的好的吹法
針葉樹林因為
不會結果，動物
比較少→糞也少→養分少
與山的稜線
同樣形狀的樹林的
延長線的農地，
就是花丸線。
以河川為界，
地勢高的那一側
堆積好的土壤
盆地下面貯存了冷空氣，
中午炎熱
20m
20m 夜晚貯存
0m 冷空氣
晨霧中
太陽上昇，氣溫上升，
濕度下降，是良田的條件。
可吸收晨霧與暮露的微細粒子。
高
低
以河川為界
河川泛濫時
所以排水性
與原產地相同條件
的話，生命力up
山的高度到海洋的距離，
河川水溫與透明度也會
不一樣
稻米
乾燥空氣 ○
濕度高 ×
大吸一口氣，
順暢吸入
○
撒上冷水，利用
溫差，促進植物
的營養循環。
田裡的水具有一
定程度的低溫以及
透明度
田中的蝌蚪、青蛙、
田螺
混有豆科植物與
禾木科植物
禾本科植物，
葉門尖尖的
雞的堆肥會增加糖度
氮素高，糖度提高
田中的
惡
家畜的堆肥極有可能
含有抗生物質
蔬菜
是由寄居在土裡、
葉子上的微生物
養成的
芒草
白茅
艾草
黃花草
加拿大一枝
白三葉草
羊蹄草
鼠麴草
菘草

分辨好蔬菜的方法

如果可以的話，每位料理人都想要選出最好的蔬菜來做料理。

但是所謂「好的蔬菜」，該如何分辨呢？

先說結論，那就是培養透視蔬菜味道的「野生的眼睛」。

菜市場、蔬果店、超市、農地，不論在哪裡，都能夠從出現在眼前的蔬菜，選出最好吃的一個。

吃吃看不就知道了，試吃就好啦。但這樣的話，只能算是半桶水。把最好的端出來給客人，這才叫專業。

因此，應該要培養的是，排列在眼前的數個之中，選出符合自己預想的味道及香味的一個，也就是「眼睛的判斷力」。

比如在農地裡選擇番茄時，我會採一兩個下來試吃，了解「這塊農地種出來的番茄，大致是這種味道。」

但是只吃一顆，不代表所有的作物都會有同樣的滋味。

場所、日照、給水、風動，狀況全都不同，味道跟香味也不一樣。

長在農地正中央、兩側，一起從地面接收營養的對手數目不同，長出來的果實也會有差異。

每顆番茄的大小不同，味道也不同，長在靠近根莖部位的番茄，跟長在前端樹莖的番茄，以及長在靠近莖部或長在外側的番茄，味道全都不一樣。

每天的天候也會有影響。連續晴天跟下過雨之後的果實狀態，完全不同。

所以，要選擇好吃的番茄時，我會讓自己變身為烏鴉。

我會跟自己說，接下來，我就是一隻「肚子超級餓的烏鴉~」。

從天空往下鳥瞰番茄田的心情，在眾多的番茄當中，只有擁有美味紅色的番茄才會進到我眼中。

變成烏鴉之後，彷彿可以感受到番茄們的自我宣傳。走在番茄田中，遇到拚命宣傳自己的番茄時，總是不由自主地心臟怦怦跳。

那麼，一旦遇到理想的番茄時，盡可能不要驚嚇到果肉，請輕輕地採收。

成熟的番茄，只要把蒂頭輕輕一轉，就可以把番茄採下來了。

就我的經驗，味道好的番茄，表皮的毛較細，而且茂密，蒂頭周圍比較膨脹，表面積也比較大，子房心室數較多，所以胴體部位膨脹，而前端的部分比較尖，看起來凹凸有致。

普通好吃的番茄

更好吃的番茄

不僅番茄，其他蔬菜也一樣，把自己切換成是來吃這些蔬菜的動物的心情，自然而然地，就能看見「特別好吃」的東西。

簡單一句話來說，生命力強盛的東西，絕對好吃，好吃的東西會有一定的光澤。

要擁有辨識的眼力，「傾聽蔬菜的聲音」是最重要的事。

看網目來分辨好吃的蔬菜

～水分過多跟水嫩的差別

使用化學肥料的農田所種出來的蔬菜，味道單調而且不夠深沈，感受不到蔬菜的能量，因為是使用肥料強行養肥的蔬菜，從細胞網目就可以看得出來。

投予過量的肥料，急速成長的作物，簡單來說，蔬菜裡的水分過多，切開時，水分會從切面溢出，細胞沒有保水的力量。

但是富含微生物的良質土壤，讓蔬菜依步調成長，細胞數多，內含的水分，就像吸滿水的海綿一樣，一咬下去，水分才會溢出來。

此外，不使用動物性堆肥，而採用自然農法的作物，味道也比較多樣化，吞下去的口感比較好，吃起來非常順口。

使用有機農法，使用氮肥的蔬菜，香味跟美味都比較強烈，吃多了較容易膩。

可以依照不同的料理，來運用這兩種蔬菜。

蔬菜成長與網目大小不同之處

切開斷面

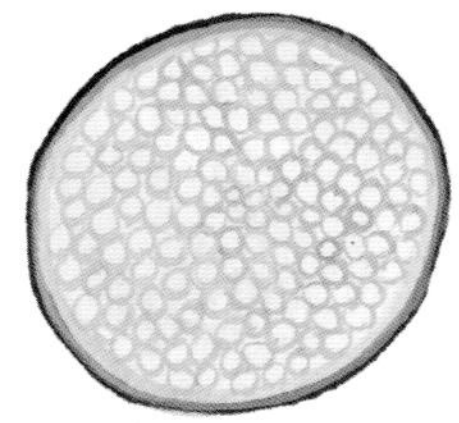

網目比較細

必要的時候才給予營養素，使蔬菜從容成長。細胞分裂次數多，細胞數也比較多。

像海棉一樣的構造

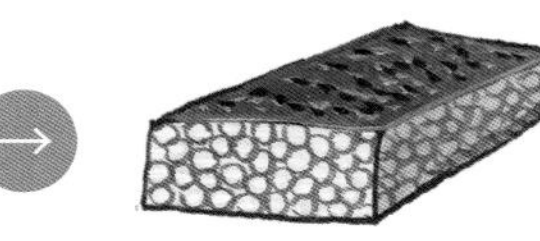

咬下去才會有水分產生，有水嫩感。

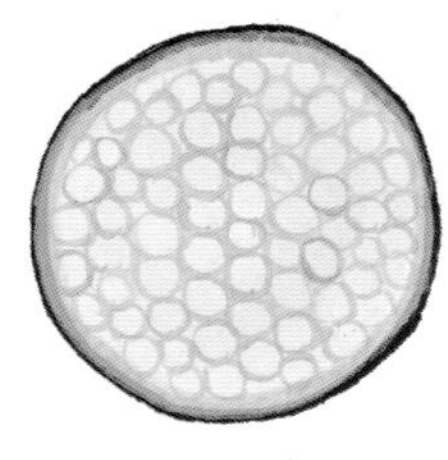

網目比較大

急速成長，施予化學肥料的作物，生長位置太陽光過於強烈。

像金屬刷般的構造

無法保水，所以水分會滴噠落下。
咬下去之前，水分就跑出來，所以會有水水的口感。
不具有保水能力，所以切面馬上就會乾掉。

煮出美味蔬菜的方法

清澈味道的蔬菜

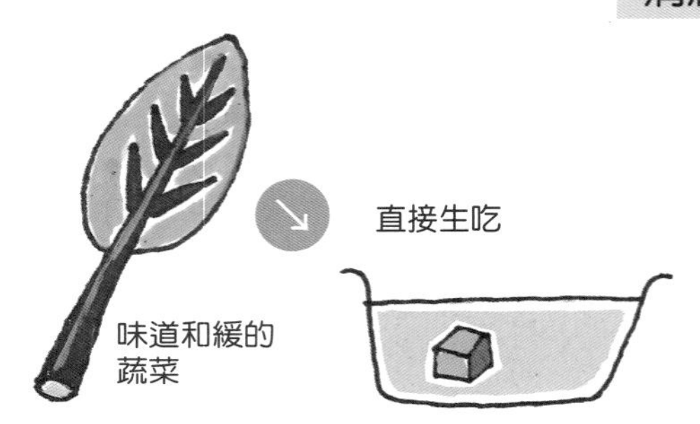

化身為動物的心情來感受蔬菜的味道
「感覺不到毒氣」
「沒有苦味、辣味」
這樣的蔬菜，應該直接生吃

小松菜蠑螺湯

水嫩蔬菜

單純地

蔬菜　油脂

要強調蔬菜的水嫩感的話，就讓蔬菜裹上油脂

組合

水嫩的蔬菜 ＋ 乾燥食材

強調水嫩感

加熱的技巧

烹調方法　適合水嫩美味蔬菜的烹調法

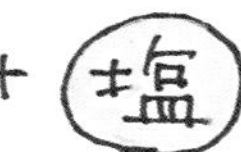

撒鹽

產生水分

將水分收乾
濃縮美味

再次加熱，使美味成分再度回到蔬菜中

美味會一口氣增加許多

搭配食材的加熱技巧

先用大火烤含水量少的肉，搭配之後來強調蔬菜的水分

先用大火烤含水量少的魚，搭配之後來強調蔬菜的水分

好好對待好吃的蔬菜．好吃的食材，所以**切大塊**

感受蔬菜的口感 ＝ 口感也是蔬菜的個性之一

不得不料理不好吃的蔬菜時

帶有苦味、辣味的蔬菜

即使是同樣的蔬菜，每個的味道也都不盡相同

切小塊調理

用油一起炒，再撒上鹽，將所有的蔬菜味道都調整在同一基礎上，再來進行調理

用美味覆蓋

用比這些蔬菜更美味的湯汁包覆起來

加入美味的高湯

沒有味道的蔬菜

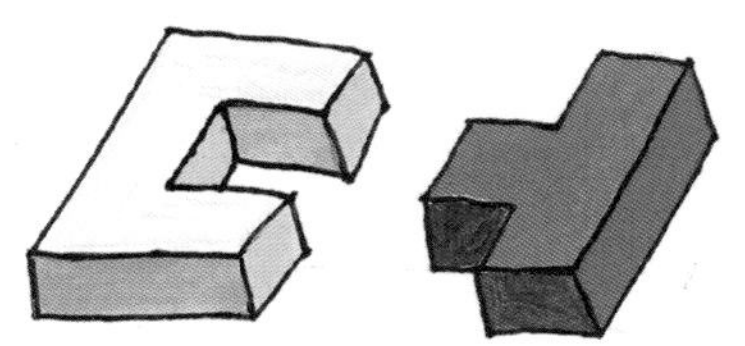

用具有該蔬菜所沒有的味道的食材來補充味道

把兩種食材當做一種食材使用

水分少的蔬菜

讓它吸水

與水分含量多的蔬菜一起調理

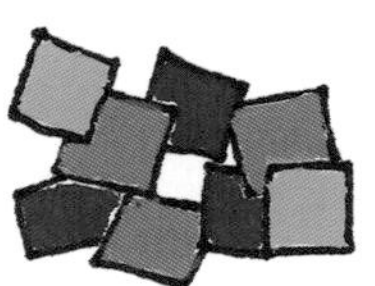

加到湯裡面

加入黏稠度

勾芡或是加到湯裡面

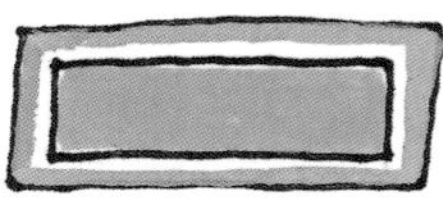

水煮

適度的水煮過，補充蔬菜水分

過油

攪碎

煮過之後再攪碎

不好吃的蔬菜就
切小塊

降低蔬菜的存在感

我是這樣看魚類的

寒流

各位沒有跟魚爭過地盤的經驗？

我有。

小孩子時，我家離海邊只有五十公尺距離。每到夏天，就是到海邊玩，幾乎每天都會潛到海裡，捉蠑螺、採海藻當點心吃。

擁有自己地盤的魚，若察覺到有其他魚侵入自己的領域內，會立刻加快速度，敏捷地游向對方。

有次在海裡，與魚對上眼，魚跑來撞在我的蛙鏡上。

正因為孩童時期體驗過魚類生態，現在看到進貨的魚，都會想像牠們是住在什麼的地方。

確定魚是生活在何種環境下，我才會依此來決定調理的方法。

魚的味道，會因其生長環境而改變。

首先，先從大原則來談起。

日本周邊的海流相當複雜，每個海域的特徵都不相同，也拜此所賜，日本是擁有豐富魚種的國家。

太平洋上的三陸海域是被譽為世界三大漁場之一的海域，親潮（千島海流）、黑潮（日本海流）在此交會，海水就像在洗衣機裡攪洗一般，這裡的生態系相當豐富。

日本海方面，南方有溫暖的對馬海流沿著日本列島往北上升，北方的白令海流從中國大陸方面海域南下，迴轉出巨大的海流。此外，寒流碰撞潛伏在海底的岩礁後，產生的激流，讓日本海域的海流更形複雜。

太平洋與日本海雖然都有寒暖流交會，但兩邊海水味道都不一樣。

太平洋的海水，嘗一口後會發現，有很多種味道在口中散開。而日本海域的海水感覺較細緻，也很順口。

如果用高湯來比喻的話，太平洋海水的鮮味成分比較多，像是華麗的中華高湯。而日本海的味道帶著洗練簡潔的風味，比較像是和風高湯。

像這樣，海水的本質不同，再加上海水溫度不同，對魚的味道也會產生影響。

以鰤魚為例，乘著太平洋和緩的海流北上的鰤魚，跟從寒流注入的日本海域一路北上的鰤魚，因為海水溫度的影響，身上帶有的脂肪也不一樣，所吃的食物也會影響到香味。

乘著暖流的鰤魚，全身肌肉都含有脂肪，魚肉因為脂肪的關係，顯得比較白。所以為了抑制油膩感，吃的時候，搭配多量的芥末會比較好吃。

另外，長於寒流的鰤魚，為了禦寒，身體外側富含脂肪，魚肉呈紅色。皮下脂肪入口即化，所以這種鰤魚不需用到醬油的酸味以及芥末的辣味，沾點鹽就很美味了。

也就是說，即使同樣的都是鰤魚，但是受海洋各種不同條件的影響，味道也都不一樣，料理的方法以及吃法，也都不會相同。

在寒流中成長的鰤魚

脂肪

寒流

暖流

暖流

不同的海域，
魚的味道也不一樣

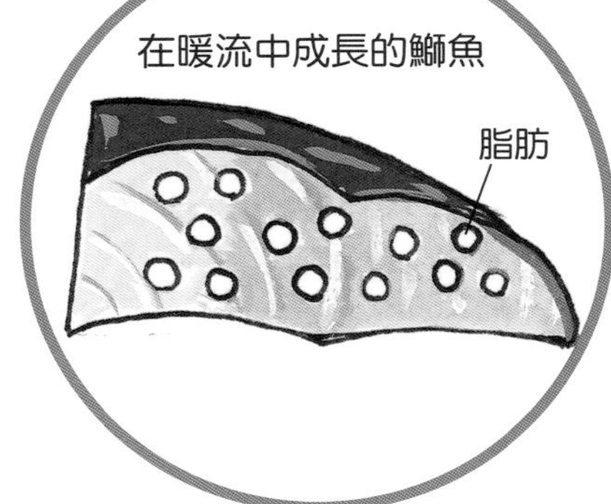

從三次元的觀點看在地的海洋

海中的山與丘陵附近的魚

影響魚的味道的，除了海流之外，還有地理因素。

從酒田買進來的真鯛，跟在鶴岡市內的魚店購進的真鯛，味道完全不同，我一直覺得這是個謎。

酒田買來的真鯛，優點是水分多，肉質軟嫩、美味，加熱之後，會更濃縮，更有味道。而鶴岡買來的真鯛，肉質緊緻，帶有清爽的香味，適合生魚片。

我知道酒田的真鯛是在酒田港近海海域所捕獲的。而鶴岡魚店的真鯛則是在新潟縣境的鼠之關或是由良漁港上岸的漁獲。此外，漁船是採用放在各漁場的定置網捕來的。

但只有這些資訊，我還是不懂，為何魚的味道會不同。所以，我決定對在地的海洋深入調查。

數度前往本地的水族館。館內展示當地魚類的水族箱，是資訊的寶庫。什麼樣的魚、棲息在什麼地方，可以取得非常詳細的資訊。

而最了解魚的個別生態的，當屬地方的水產試驗場的研究員了。特別是魚在海中的生態，透過各種現場調查，擁有許多第一手資料。所以我曾拜託過他們，提供個人教學。

我也曾在漁港，向正卸下當天捕獲魚貨的漁師們，請教這些魚是在哪個海域、水深多少的地方捕獲的。

捕魚時，都是在該種魚大量聚集的地方進行，所以大概可以知道那種魚所喜好的水溫以及水深，不一樣的水溫，也會影響料理的方式。

四處問來的這些基本資料，在我腦中以立體方式表現出來的，就是75頁的圖。

把庄內海岸下的情況，用三次元的方式來表現。

在這裡，我把當地的漁夫們在哪些地方捕魚，全部整理出來。

批發市場中，裝魚的箱子裡會附一張紙，上面寫著○○商號以及漁船名的字，我會先暗記下來。

然後拜託盤商幫我買下來，在店裡試吃味道，如果好吃的話就記下來。下次就可以直接去找那艘船，請問他們是在哪裡捕魚的。

這樣一來，就能建立「○○商號的漁船在每年幾月某某岩礁的南側捕到上等的紅喉魚，一定要進貨。」這種基本資料。

那麼，累積這麼多資訊之後，就知道，原來酒田的真鯛跟鼠之關的真鯛，味道之所以不一樣，原因就在於最上川。因為河口經常有淡水流出的關係，所以鹽分比較稀薄。

資料來源：山形漁業協同組合

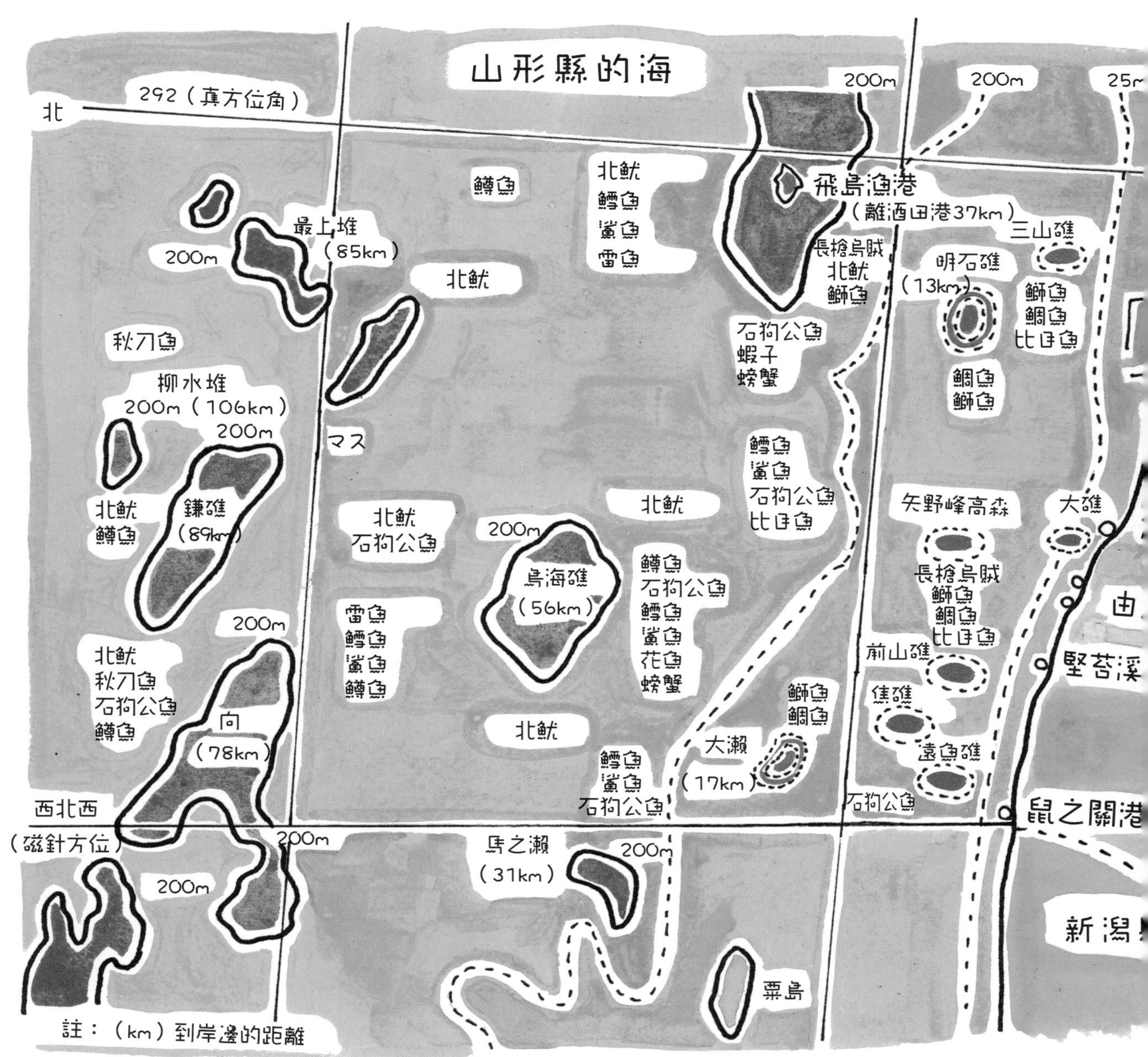

淡水與海水不會馬上就平均混在一起，所以出海口就會像扇面一般，出現薄而平的淡水區塊，大雨時，扇面就會更大，甚至超過數十公里。

使用流刺網捕魚等方法捕魚，將魚捕上船時，魚群會先通過這片淡水區塊。

魚碰到淡水的同時，因為滲透壓的關係，全身的細胞都會含水。

另外，河水裡豐富的浮游生物以及魚餌，讓魚充滿各種美味。

所以，酒田的真鯛雖然好吃，但水分也多。相對的，鼠之關的真鯛沒有河水的洗禮，所以鹽分濃度高，魚身水分較少，鮮味成分也較少，但是因為居於海藻多的岩礁地帶，所以香氣濃郁。

發現這個事實之後，我更加確信，酒田港的魚要用烤的，而鼠之關的魚用來當生魚片。

面對客人也能夠充滿自信地說「這是在某某地區捕到的最好的紅喉魚」。

做出這張立體圖之後，對魚該如何料理，就再也不會困擾，因為腦中早就內建了庄內的海洋景象了。

把海洋立體化之後，就像漫步在森林中眺望樹木以及鳥類一樣，海中的樣子也一清二楚。

記下這些基本資料後，接下來閱讀魚類圖鑑，到水族館觀察魚類生態時，也有了不一樣的意義。

這張照片是我常去學習魚類生態的加茂水族館。山形縣水產試驗場研究員野口大悟正在向我解說寒鱈的生態。

學習魚的生態，讓我的料理更上一層樓。

庄內海洋的三次元立體圖

鹽水（%）
3.3～3.4
3.4～3.41

日本海（北日本）的海水層

不同海域捕獲的魚，烤法也不同

鹽分濃度高的海域

爽朗的美味，水分較少，口感較佳，雖然鮮味成分較少，但具有香氣。

先一口氣用大火把珍貴的水分鎖在魚肉裡，享受爽朗的美味。

油脂較少的緣故，輕拍麵粉後油煎，補充魚的油脂。

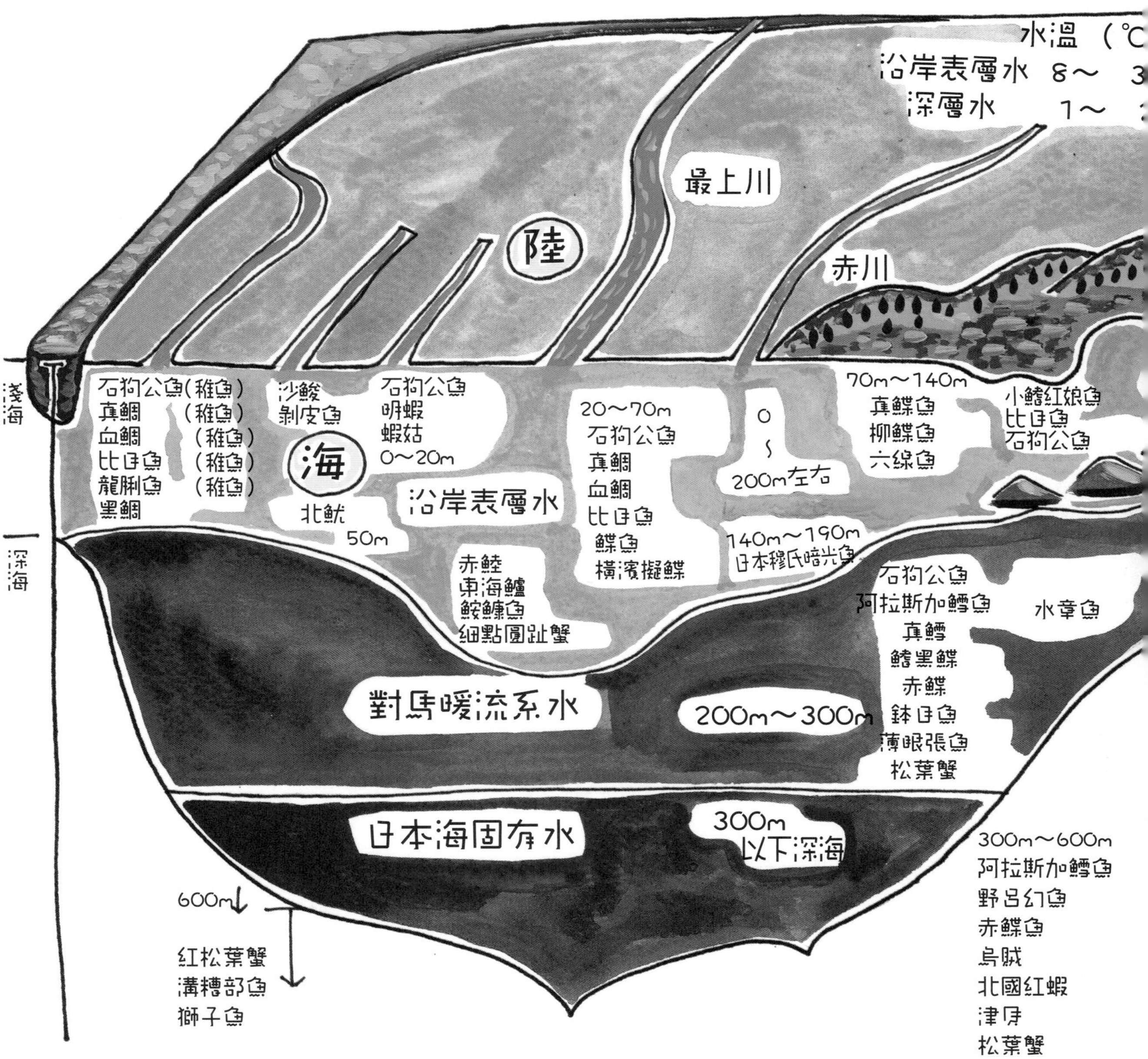

水溫（℃
沿岸表層水 8～ 3
深層水 1～

最上川
陸
赤川

淺海
深海

石狗公魚（稚魚）
真鯛（稚魚）
血鯛（稚魚）
比目魚（稚魚）
龍脷魚（稚魚）
黑鯛

沙鮻
剝皮魚
海
北魷
50m

石狗公魚
明蝦
蝦姑
0～20m

沿岸表層水

20～70m
石狗公魚
真鯛
血鯛
比目魚
鰈魚
橫濱擬鰈

0
～
200m左右

140m～190m
日本穆氏暗光魚

70m～140m
真鰈魚
柳鰈魚
六線魚

小鰭紅娘魚
比目魚
石狗公魚

赤鯥
東海鱸
鮟鱇魚
細點圓趾蟹

對馬暖流系水
200m～300m

石狗公魚
阿拉斯加鱈魚
真鱈
鯺黑鰈
赤鰈
鉢目魚
薄眼張魚
松葉蟹

水章魚

日本海固有水
300m以下深海

300m～600m
阿拉斯加鱈魚
野呂幻魚
赤鰈魚
烏賊
北國紅蝦
津甲
松葉蟹

600m↓
紅松葉蟹
溝糟部魚
獅子魚

河川出海口附近的海域

味道單調、水分多、美味。

用小火去除水分，凝縮美味成分之後，搭配醬油或醬汁食用。

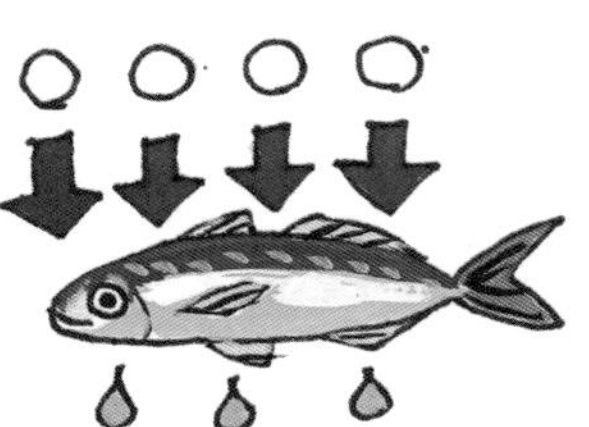

用直火烤，去除水分同時，也可以增加焦香味。

把魚串起來，用火慢烤，去除多餘水分。

每個漁港的魚貝滋味都不一樣

我造訪漁港時，一定會到最接近海岸的地方，嘗一下海水的味道。苦鹹的海水背後，隱藏著許許多多的味道。有些嘗得出海藻的味道，有些帶有鐵鏽味，有些則可以感受到些許的甜味。

在港口確認海水的味道，然後去買魚，就這樣吃遍各個漁港後，我了解到海水的味道跟魚貝類的味道很有關連。

漁港的直營店裡買來的魚貝類，香味跟海水一樣。

但有時買來的魚貝類跟海水味道不同，一問之下才知道那些魚是從遠一點的海域打撈上來的。嗯，原來如此。

有段時間，像這樣每週造訪不同的漁港，吃了牡蠣之後，才發現，同樣是岩牡蠣，但是港口不同，味道和香氣的特徵也完全不同。

味覺是味道的記憶力。

為了記住吃過的味道，像這樣重覆不斷試吃之後，店裡進貨的牡蠣，只要一聞味道，就知道是從哪個港口來的了。

嗅到味道的同時，記憶中那片海洋的海潮香以及海中的景色，一一浮現出來。

向專家請教、自己也實際潛到海底去確認。沿岸地區的海潮香，受生長在海裡的海藻種類所影響。

也就是說，每個港口內，所生長的海藻也不一樣。

有時聞一下附著在牡蠣殼上的海藻，就能得知。

二十多歲時，用盡全力跑遍了秋田到新潟間的所有漁港，現在則擴大至國內各漁港，造訪過的漁港的海水味，嘗過一次就不會忘記。

現在只要吃到牡蠣，如果以前也吃過同樣產地的牡蠣，我大致都能確知是哪裡。

記住的訣竅是，吃的時候一定要很開心。這樣身體就會記起來。

有回在大阪的日本料理店，吃到鯖魚的生魚片，腦海立刻浮現神戶港的香味和風景。

於是我就問店裡的人，神戶也捕得到鯖魚嗎？但店裡的人卻說，

「這是大分的鯖魚哦。」

「好奇怪啊，這魚有神戶港的味道……。」

魚貨的中盤商正好在店裡，只見他瞪大了眼睛說：「這些鯖魚是在大分捕獲，活跳跳的狀態下送到神戶，出貨之前，暫時養在神戶港的海水裡。」

大家相視大笑。

海水的味道就是海藻的味道。

了解這點之後，我會想像海藻環生的海洋而料理。

知道這點之後，就會知道，該用什麼樣的食材來搭配，才可以讓那些魚變得更好吃。

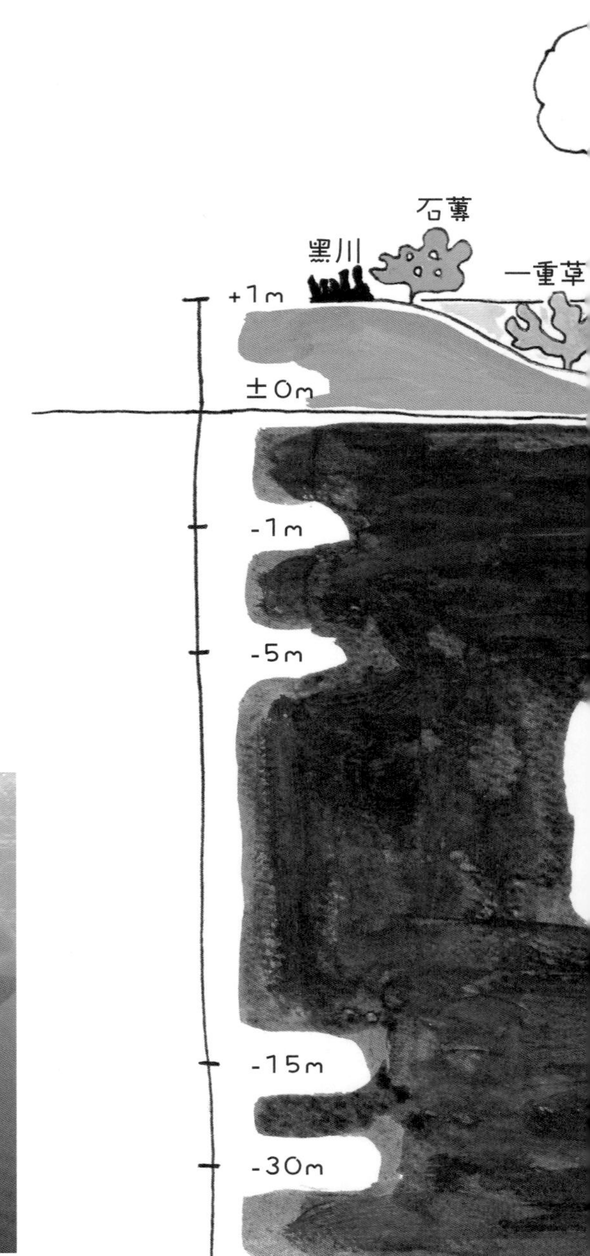

資料來源：吉川誠先生

了解海水的味道，就能找出最適合的料理方法

佐渡海域到鳥海山之間的海域所捉到的稚鰤魚，以及長大後的鰤魚，魚皮跟魚肉之間，散發著「瓜果的香氣」。是這個海域才有的魅惑香味，為了展現這種香味，我想出了一個調理法。使用的調味料只有鹽巴跟橄欖油。

鹽是拜託新潟與山形縣境的一間製鹽工房特別製作的，只取滿月之夜的海水，放在大鍋裡，用柴火慢慢煮乾而製成的鹽。

滿月時，海水裡的礦物質成分會比平常來得多，把稚鰤魚所游的這片海水的美味成分，濃縮起來的鹽巴。

使用孕育魚的海域的海鹽，不可思議地，可讓魚回復鮮度。用這個鹽灑在庄內海域捕獲的稚鰤魚上，彷彿喚醒了魚的細胞，喚醒了瓜果的清爽以及香氣。

橄欖油用的是義大利西西里島產的油。這種油的特徵是青草的香味。因為類似瓜果的青綠香味而選擇它。

這道料理是套餐的前菜「稚鰤魚佐月之雫的鹽與西西里島橄欖油」。

無法再增加別的，也沒可減之處，極致的一盤。

把這一片稚鰤魚，大口一口吃下，含在嘴裡的瞬間，舌頭的溫度溫熱了橄欖油，產生了香氣，接著咬下稚鰤魚時，皮肉之間的瓜果的香氣浮現，鼻腔內塞滿了這兩種香味，腦內浮現了庄內海岸的風景，這就是我記錄下來的食感。

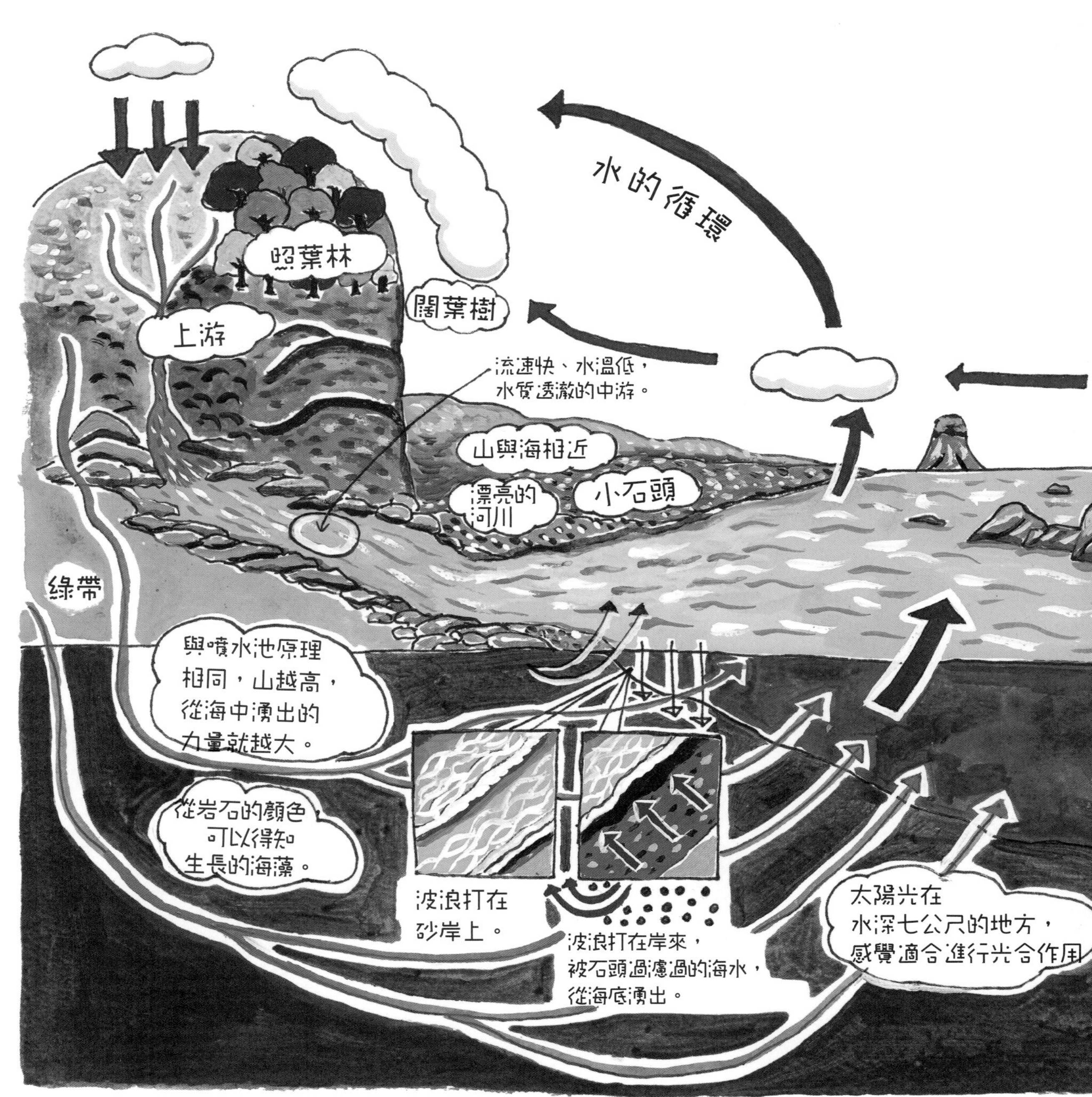
水的循環
照葉林
闊葉樹
上游
流速快、水溫低，
水質透澈的中游。
山與海相近
漂亮的
河川
小石頭
綠帶
與噴水池原理
相同，山越高，
從海中湧出的
力量就越大。
從岩石的顏色
可以得知
生長的海藻。
波浪打在
砂岸上。
波浪打在岸來，
被石頭過濾過的海水，
從海底湧出。
太陽光在
水深七公尺的地方，
感覺適合進行光合作用。

吃不同的食物，魚的味道也不一樣

魚的味道會因為所吃的食物而不一樣。

游在太平洋北上的鮪魚，吃的是沙丁魚以及竹筴魚，待游到三陸海岸時，便改吃秋刀魚。

吃沙丁魚吃得肚子飽飽的鮪魚，體內帶著像青光魚類酸澀的味道。

料理這種鮪魚時，選擇適合沙丁魚的食材來搭配，可以引出鮪魚肉中的沙丁魚的味道，讓美味倍增。比如茴香。

而開始吃秋刀魚的鮪魚，充分取得秋刀魚的油脂之後，身上也開始長出脂肪，所以在調理時，即使一點點油，也可以吃出充分的味道。

此外，從日本海往北的鮪魚，一開始雖然也是吃沙丁魚跟竹筴魚，但是夏天來到能登半島附近時，剛好遇到烏賊群，就追著烏賊來到更北的地方，以烏賊為主食之後，身體一口氣成長。

這種鮪魚，是帶有烏賊味道的鮪魚。

選擇適合烏賊的櫛瓜和芝麻菜來搭配鮪

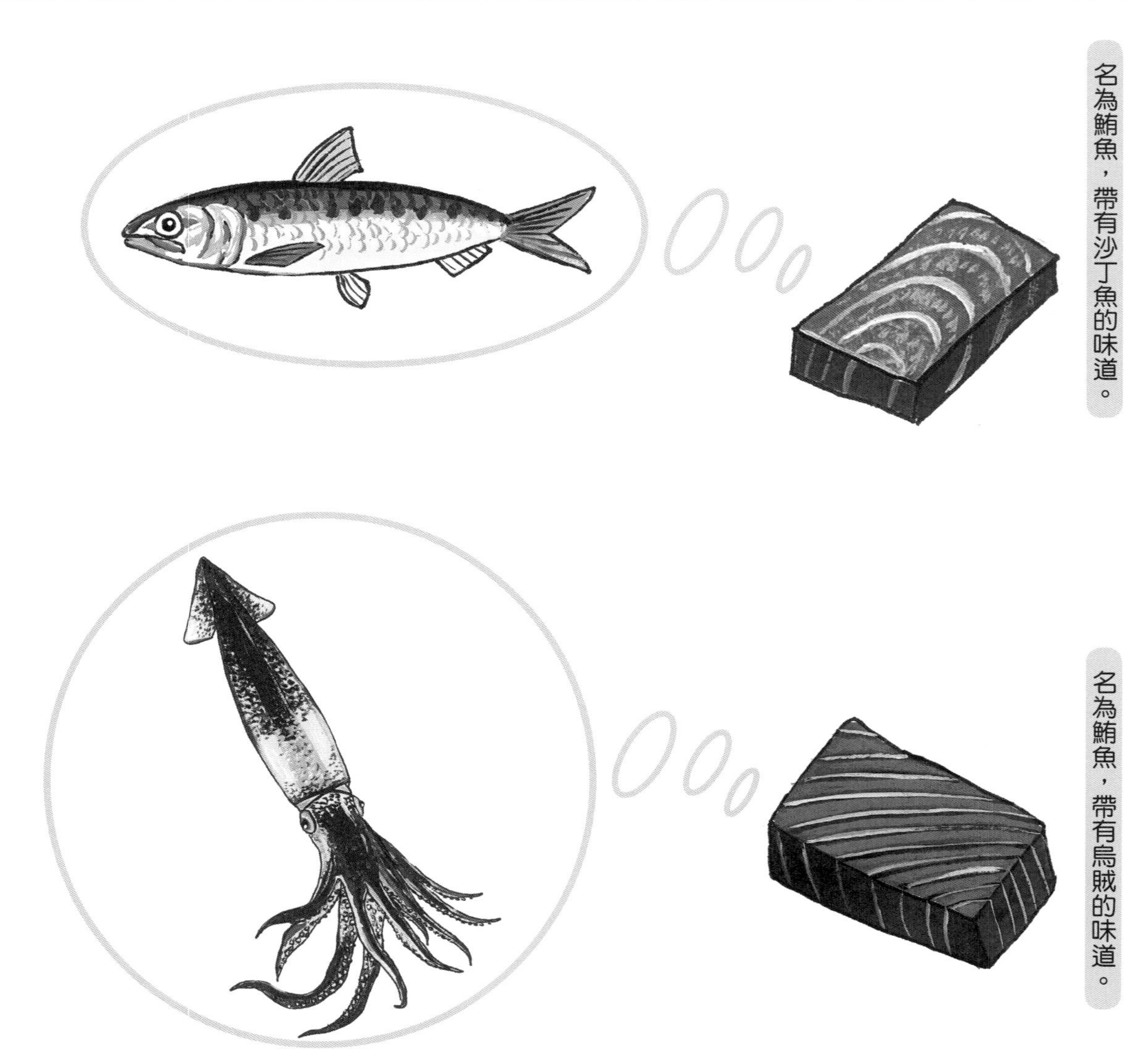

魚，可以發揮鮪魚的最大美味。

一般絕對不會做這種搭配，但是鮪魚中所含的烏賊的香味以及美味，讓這種組合搭配成為可能。

所以，知道捕獲的漁場以及所吃過的食物，就可以找出適合每條魚的食材，做最佳的組合。

依魚所吃的食物，代表真正跟它搭配的食材，但跟傳統的搭配食材，可能截然不同。

不被既定印象束縛，相信自己的感覺，才能開創出各種可能性。

那麼，之前提過的，在佐渡和島海山的海域之間捉到的稚鰤魚，為什麼會帶有「瓜果的香味」呢。

在這個區域內，剛好有寒暖流經過，在海裡的數座山裡互相撞擊交會。因此，在這個海域內的浮游生物，自成一個獨特的生態系，其中也有帶有小黃瓜香味的日本穆氏暗光魚棲息其中。我的推測是，香味是與這種魚有關的生物鏈的影響吧。

對我而言，這片海域是獨一無二、無比珍貴的寶藏。

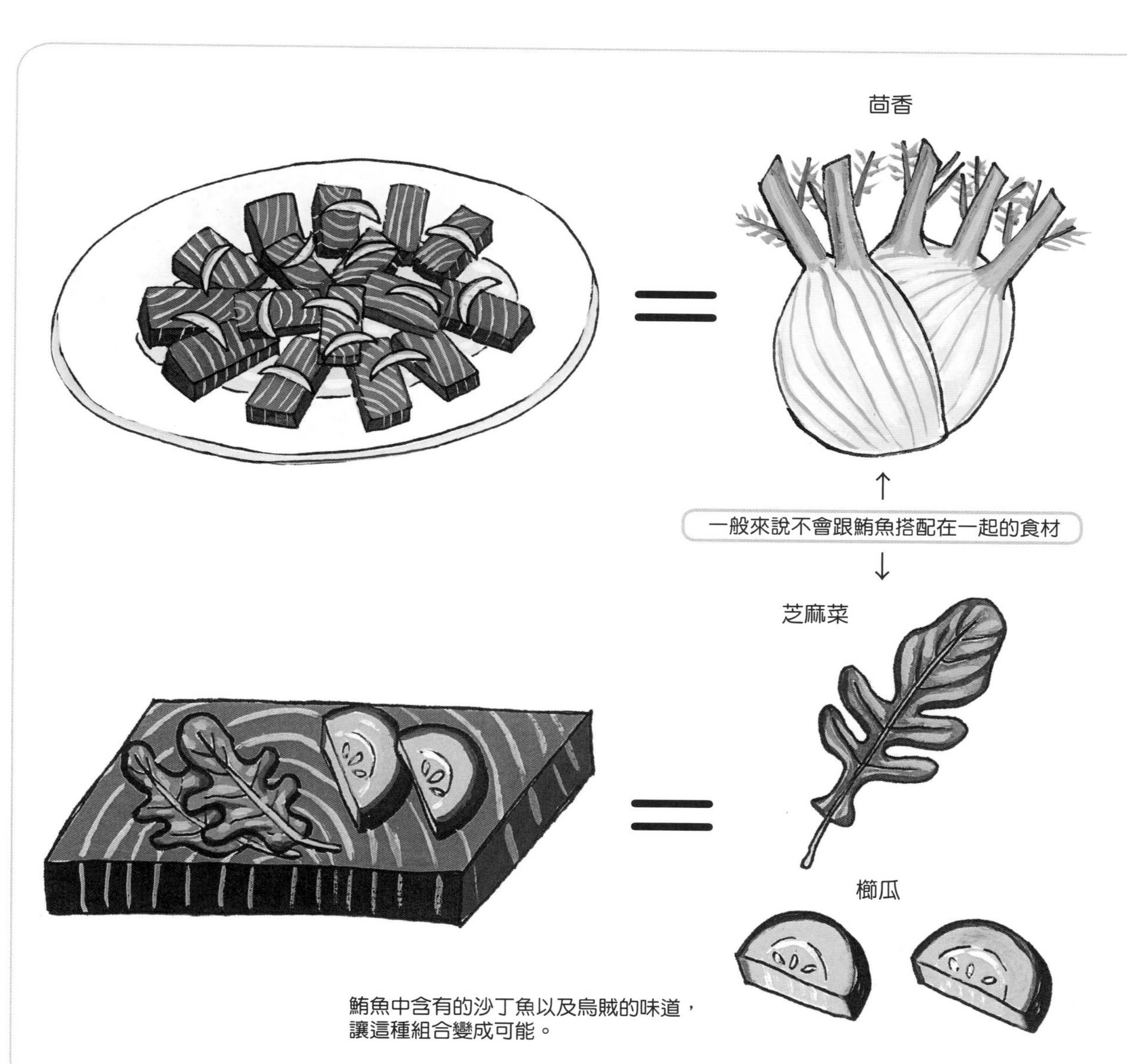

傾聽魚的聲音

調理魚的時候，一開始就要先正確地找出魚的特徵。然後丟掉所有的知識，單純地坦率地試吃一片魚肉。舌頭的溫度讓魚肉的溫度節節上升，味道以及香味也隨之改變。

最初感受到魚原本的味道。我將之稱為基因的味道。在那味道之下，潛藏著生長環境賦予的味道。一段時間過後，環境所賦予的味道以及所吃的食物帶來的香味，會開始顯現出來。

這就是味道的因數分解。在構思新菜單時，是很好的線索。

分析完味道之後，我會依以下的步驟來構築新的料理：

①選用與魚有共同味道的鹽。
②檢測魚所保有的濃醇度。
③選擇搭配魚的濃醇度以及香味的蔬菜。
④找出最合適的加熱方式以及溫度。
⑤調理好的魚與蔬菜及鹽一起試吃，檢測食材間的平衡度。
⑥選擇可以整合所有味道的食材（油脂、醋、黏稠物質、濃醇味、甜味等等）。

魚在處理的當下就開始劣化

魚是共食性的生物。

在廚房處理進貨的魚類時，有時會在鮟鱇魚的肚子裡發現小隻的鮟鱇魚，在鯖魚的肚子裡找到鯖魚。

另一個發現是，被吃掉的魚，會保持自身的清白，讓自己溶化。

被吃掉的魚，被吞到肚子裡時，會從自己體內分泌出蛋白質分解酵素。

因為有這項自然的規律，所以魚一旦感受到溫度，就會急速劣化。

所以，手的溫度過高的料理人，一旦開始處理魚類，魚會馬上發出臭味。我店裡也有這樣的工作人員。所以有適合料理魚的手，也有不適合的。

一旦產生臭味時，只能從以下三種方法中選出一樣：

①立刻除臭（清洗乾淨）。
②蓋過味道（使用濃厚的調味）。
③中和味道（用日本酒或是醋）。

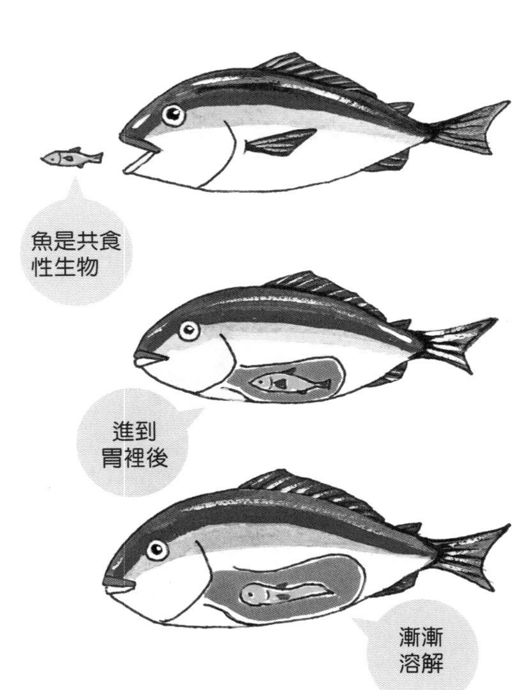

所以溫度不能比活著時更高，剖魚時，要注意不要弄破胃袋，以免胃液沾到魚肉上。

魚的處理方式各有不同

先聞魚皮表面的味道

不新鮮的魚

有腥臭味。

確認有沒有殘存的黏液。

去魚鱗。

用冰鹽水清洗、處理。

烹調時全部燒烤上色。

可考慮使用醬汁來料理。

新鮮的魚

帶有舒適的香味以及海潮香。

深吸一口氣，探知其生長的海洋的環境（海藻、岩礁、砂等）。

魚鱗小小的，無法全部清除不要碰到淡水。

聞一下魚口中的味道，就可以知道魚平常吃的食物。

切下魚頭。

取出魚的胃袋，檢查魚吃了什麼？如果裡面什麼都沒有，就聞胃袋的味道。

清洗的水溫不得超過魚日常生活環境的海水溫度，並且必須快速處理，或是在放了冰水的調理盤中處理，可使用與存活時海水同樣濃度的冰鹽水。

挑選好魚的方法

魚跟蔬菜一樣，每條魚的味道都不一樣。自然運行道理中，每個生物所擁有的生命力愈強勁，味道就愈深邃，營養也愈高。

所以，大量羅列在魚市場的鯛魚當中，想要選出最好吃的鯛魚，就選出裡面最有生命力的鯛魚，就沒有問題了。

請看右邊的照片。看得出這兩尾鯛魚的差異嗎？

生命力強的鯛魚，也就是爭地盤爭贏的鯛魚。

鯛魚主要棲息在岩石等淺層海域的下層。不過淺也不太深，適度流通的新鮮海水、適度的日光照射，海藻的種類及數量都很豐富，海流不會太激烈的地方。

強而有力的鯛魚，看準食物豐富的地方後，就會決定自己的地盤。

找尋食物的眼睛骨碌碌轉來轉去的緣故，瞳孔比較大，臉看來也比較俐落。

當別的魚侵入自己的地盤來找尋食物時，馬上就會翻身、迅速地遊向對方，準備迎擊。所以，強壯的鯛魚，額頭會比較突出。

而且，這種鯛魚的捕食手腕也比較強。從上往下看岩石、海底，一旦發現蝦子的蹤影，尾鰭立刻一踢，急速朝著蝦子下降，比其他的鯛魚更快抵達、並吃掉蝦子。

也因此，尾鰭的上方會比下方長一點。

游泳速度快的關係，身體表面的黏液也比較強。黏液愈多，愈能減輕水的抵抗力。

魚鱗的顏色也不一樣。因為盡情享受喜愛的蝦子，魚鱗呈現明亮而有光澤的鮮紅色。

而搶地盤搶輸的鯛魚，會被趕到遠離豐富食物的海洋上層，和一大群魚一起生活。因此曬了太多陽光，魚鱗變成淡黑色，眼睛黑色部分也比較小，長相有點落魄的感覺。

鱸魚的話，搶贏地盤的鱸魚，身體表面會帶點綠色，而一群秋刀魚中，游在最前面、強壯的秋刀魚，額頭會比較突出。

像這樣，只要了解魚生活的環境以及生存方式，一眼就能看出排在魚店裡的魚，哪一尾比較強，哪一條比較弱了。

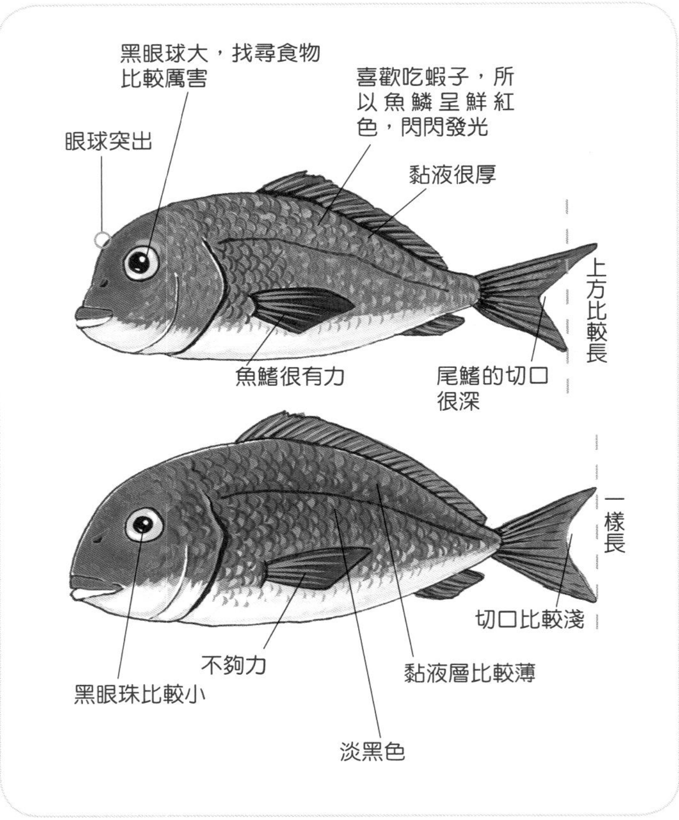

讀者看到這裡都能理解的話，看到魚，就能想像出牠們的居住環境了。

15m

0～15公尺為止
都還會被太陽曬黑

太陽光可照射
到水深30公尺
處

30m

對馬海流層

上升海流

把海底的無機
物質捲上來

關於飼養動物再吃掉的這件事

遠古時代的人，以狩獵動物為生，但也會有捕不到的時候，所以就進化為飼養溫馴的動物，當做食物來源。

指的就是牛、豬、雞等家畜。

地球眾多的獸類中，被家畜化的，只有其中一小部分。與海外相比，在漫長的歷史中，因為食用方法不同，飼育方式也大為不同。

西方人常把肉拿來燒烤。

家畜飼養以放牧為主體，具有強烈的味道以及個性，是主要的優點。野性的味道，是受到歡迎的部分。烤了之後美味倍增的紅肉，是食用的主流。

到了冬天，會食用打獵的野生動物。在大自然裡鍛煉出來的生命力，吃下一盤時，就足以感受到那凝縮的美味以及能量。

相對之下，日本的烹調方式，用煮來形塑肉質。像壽喜燒或是涮涮鍋這種食用方式，所以喜好的是，肉在加熱之後變軟，含有脂肪的肉。

不帶野性、柔軟的肉被視為美味，因此日本的家畜，基本上是養在室內。

在這種背景之下，日本的畜牧業，分為適合洋食、帶有個性的肉，以及適合和食、沒有特殊味道的肉。

我還在當學徒時就學到了這些，一直以來也都遵照這種主義來做料理。

不過，我遇到了完全顛覆這些概念的肉。

那是某位常客帶來的羊肉。

「這是塊好肉哦，料理看看。」

接下了肉塊，我回到廚房，是羊肉啊。我一面想冰箱有什麼可以消除羊羶味的香草，一邊切下一小塊生羊肉，直接放進口裡試味道。

與羊的生產者丸山先生命運般地相遇。如果不是遇到丸山先生，可以說，就不會有今天的阿爾卡契諾了。

與丸山先生第一次見面時，聽到丸山先生說，這種羊肉都賣不出去，打算要放棄了。回過神來時，我已經坐在深夜巴士上，要去東京的餐廳販售這些羊肉。一點一點地拓展客戶，口碑漸漸傳開。原本是慘白著臉的丸山先生，臉上也漸漸變得紅潤。我也感染了那份溫暖，也了解了自己有多幸福。丸山先生是人生路上，教我真正幸福的前輩。

一瞬間，全身都感受到了那味覺的衝擊。

那塊肉，有著羊肉特有的生鐵味，但是完全沒有一絲羶味或是成年羊隻的腥味。因為完全沒有羊肉特有的臭味，一時之間我還懷疑，「這真的是羊肉嗎？」

口感部分，開始咬下之後，就覺得非常有彈性，繼續多咬幾口後，漸漸變軟，最後就溶於口中了。

那塊羊肉跟我那之前所吃過的高級羊肉相比，完全不同，是塊非常上等的羊肉。

這就是我與丸山光平先生的羊肉相會的情景。

之後，拜訪丸山先生的牧場，我發現了丸山先生的羊肉，之所以美味的秘密，在於飼料。丸山先生餵他的羊，吃鶴岡特產的達達茶豆。

丸山先生從達達茶豆的加工廠中，把取出茶豆後的豆筴這種廢棄物，拿回來牧場，每天餵羊。而豆筴中，含有許多無法成為商品的小顆茶豆。

這種茶豆中，含有可以抑制活性氧活動的酵素，所以羊肉中，完全沒有羊肉特有的臭味。

此外，豆子裡含有的大豆異黃酮，更具有讓肉質鬆軟的作用。

羊隻的飲用水，是來自羽黑山的融雪，流經地底，充滿礦物質的地下水。

夏天讓羊隻在廣大的牧草地上自由奔跑，盡情地享受新鮮的牧草。

我在這裡得到的知識是，動物的肉，在標高三五〇〇～五〇〇〇公尺之間的家畜，肉質最好，而在「出貨之前，家畜所食用的飼料」以及「水」，會大大左右肉的味道。

此後，我在餐廳內所使用的肉類，一定會先去了解生產環境，確認牠們都是吃些什麼樣的飼料。

接下來，就是不受既有觀念束縛，而是接受肉訴求的味道，以及牠們活動時的樣子，從中思考料理方式。

北海道瀨棚町的酪農村上健吾先生也同時經營起士工房，我非常喜歡他家的起士。跟歐洲乳酪一樣，非常濃厚。關鍵就在於從海那一邊照進牧地上的夕陽。瀨棚町位在北緯42度，是北半球受紅外線照射時間最長的位置。這種光線可以增加牧草中的抗氧化物質，提高牛奶的品質，而且夕陽照射的地方，更可以促進乳酪的發酵力。

混植了各式各樣的牧草，由團粒結構構成的土質，這是含有大量微生物的證據。糞便落下的地方，草的氮含量較高，所以顏色非常綠，但因為有苦味，所以牛不太愛吃。

動物

法國的山羊乳酪，
要冠上契福瑞起司的，
須要標高1000m以上
山羊
=
山的羊
羊
標高1000m以上，
植被也不一樣
養分
增加
標高1000m以上，
對乳牛是好的
成長環境
瑞黛爾
哲維山綿羊
種類很多，
記住味道
有蚊蟲的話，會感到
壓力，泌乳量變少
原本就是
貯藏貯蓄
畜產品
家畜
漫長歷史中為了便利人類飼養，
祛除了很多不利飼養的因素
牧草西曬
的話，可以促
進醱酵，可以
照到西下太陽
的「花丸」
蚊子之類
的比較少
1000m
550m
可以選到冠軍牛的
機率較高
350m～550m
氣壓與風
都剛好的標高
狩獵的獵物
奮戰之後的肉
山豬
鹿
野鴨
雉雞
野兔
450m
熊
山雞
觀察飼料
最能增加體重！
主體
玉米 最受消費者歡迎
麥 脂肪變白色
大豆（豆渣）
容易增加蛋白質、脂肪
以及肌肉給太多的話，肉會變紅豆色
醱酵飼料→對內臟好，所以肝臟會好吃
（新陳代謝變佳）
蛋白質比例高
動物蛋白質變臭
醋
緊縮！
內臟
廢棄率降低
空氣流通
沒有蒼蠅
生產者
獨特的做法
地面的土
是否
乾燥
從飼料成分組合
可以看出目的
飼料
・鮮味
・油脂
・平衡
・重視回收率
豬
雞
物的牛
用草也
但是肉裡
帶脂肪。從外表看不出
所以從它們吃的
來判斷
無法消化
米殼 ×
米、麥
玉米佳
稻草的營養素過低
就是羽毛的顏色
殼的顏色
好消化
糙米 〇
稻草 〇
鬥雞
肉雞
名牌雞
每頭所占有的空間大的話，
比較沒有壓力
經常動的關係肉質接近紅色
距離大，比較不易傳染疾病
約克夏
杜洛克
藍瑞斯
黑豬
詢問配種

觀察畜產
畜牧業
牧草左右味道的特徵
澳洲＝乾季與雨季→
乾草與青葉
紐西蘭→一年都有青草
漂亮的眼睛
對人有好感
肉用種
牛
和牛
外國種
安格斯牛
黑毛和牛
褐毛和牛
日本短角牛
無角和牛
黑毛和牛×褐毛和牛
沙福瑞郡
乳牛
霍爾斯坦牛
澤西牛
4月 寒地型芝草
5月 鴨茅草
6月 酢醬草
牧草的觀察方法
禾本科
豆科
蛋白質含量高
營養均衡
酸性
土壤
中性
土壤
弱鹼性
土壤
適合北方
褐色瑞士
牧草
從哪裡進口的牧草，
可以知道生產者的目的
味道
牛舍中的
環境
水
攝取的熱量低的話，需要時間才能長到一定程度的肉
四個月前
三個月前
二個月前
一個月前
給予穀類，達
到肉食用的重量的月數
投予玉米的話，可以增加香氣

分辨好肉的方法

辨識肉好不好，先從顏色著手。

經常活動的動物，肉質呈紅色，不太動的動物，肉質偏白色。而經常動的動物的肉質，味道比較豐富。

同一匹動物，經常動的位置，肉的美味成分也比較多。

濃醇度則依脂肪的熔點來決定。脂肪的熔點低的話，比較容易讓人感到柔軟及濃醇。

動物的體溫比人體略高，所以接近人體體溫的溫度，就可以讓口中的脂肪溶化。

溶在舌頭上的脂肪，還會產生香味，腦中同時感應到溶於舌頭上脂肪的能量，而傳達出「美味」的訊息。

經驗告訴我，在海拔高的地方所養育的家畜，其脂肪的熔點比較低。因為寒冷，動作變遲緩，比較容易囤積脂肪，尤其是皮下脂肪，而且體溫也會比一般飼育在平地動物來得低一些。舌頭所感受到脂肪的滑順與細緻，是我的愛用食材。

品評牛隻

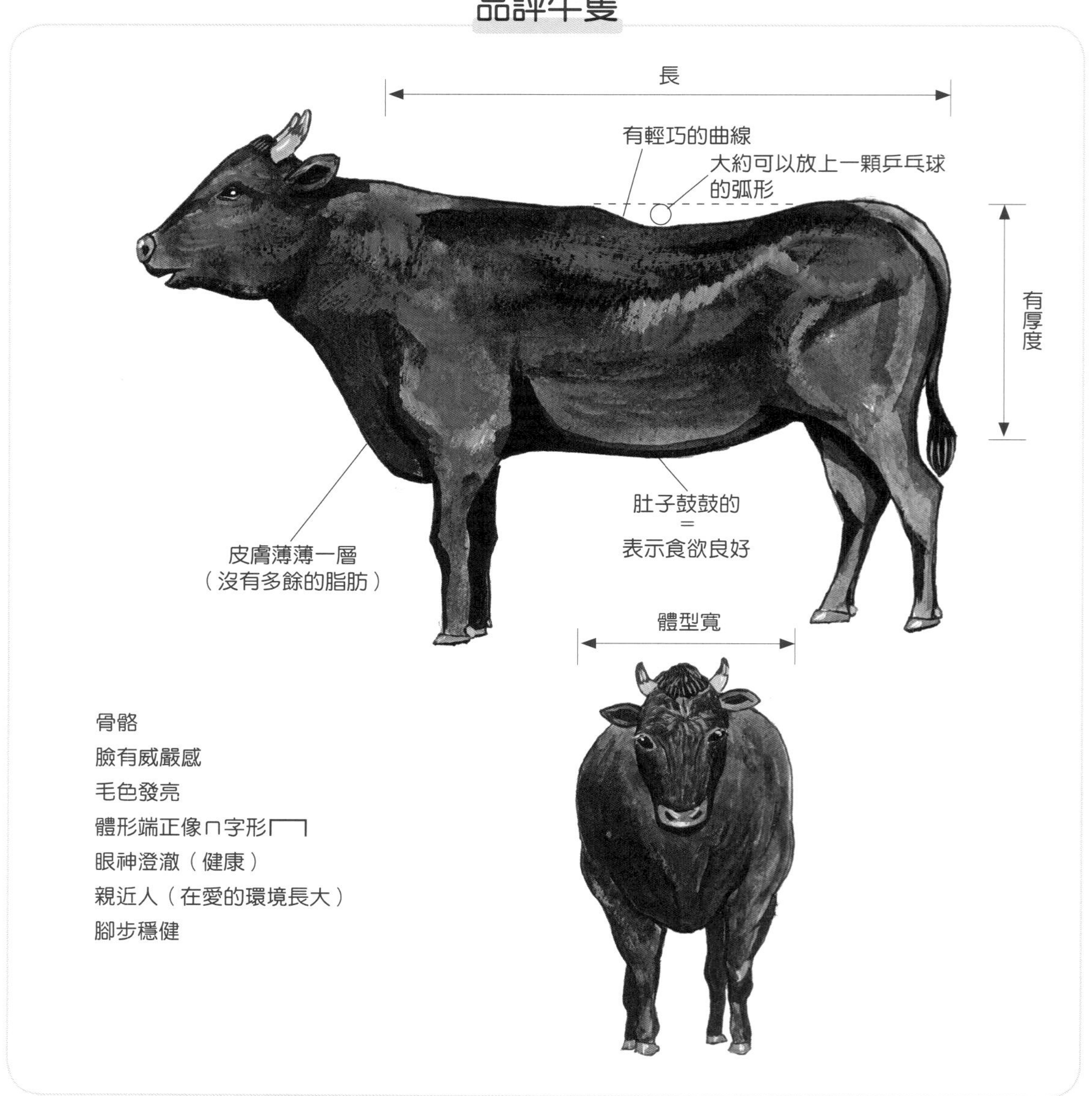

幾乎不太動的肉

密集的
環境成長

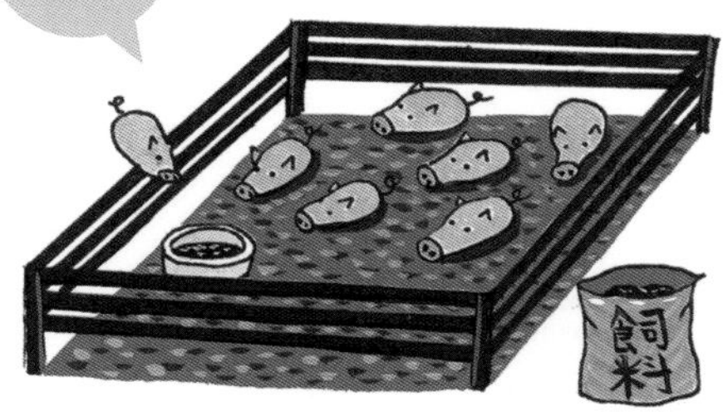

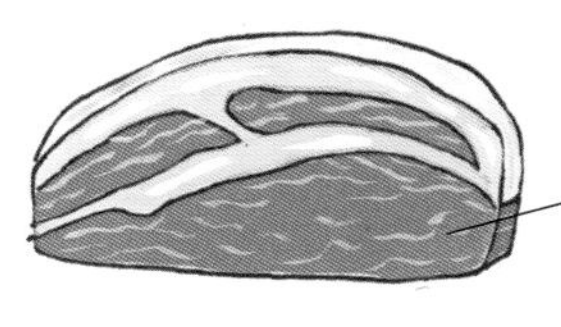

食用肉處理過程中用力過多而有激烈的傷痕

味道單調

需搭配醬料或香辛料

經常動來動去的肉

一直
動來動去

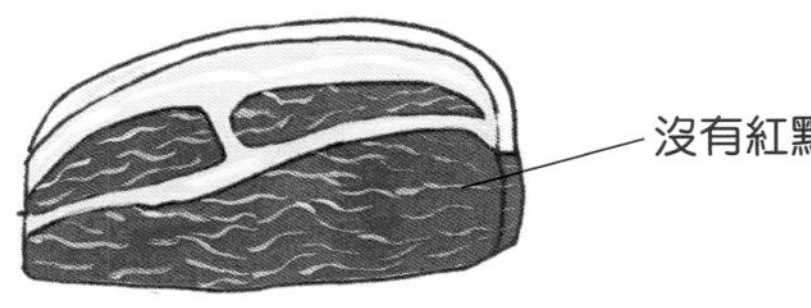

沒有紅點

味道豐富

不用醬汁也很好吃

從脂肪的味道決定配菜

一般的義大利料理，肉料理都是在盤中直接放上肉塊，就這樣端出去。

但是在阿爾卡契諾，我一定會在盤中擺上搭配的蔬菜，一起端上桌。

而且，會把蔬菜內部的溫度控制在43度以下調理，保有蔬菜裡的消化酵素，與肉一起食用。

這是從獅子的吃法中得來的點子。

獅子在捕獲獵物之後，會從獵物直到被捕之前吃過，被青草塞得滿滿的腸子開始吃。而在吃完肉之後，也會吃一下草。

也就是說，獅子也會把蔬菜拿來當肉的配菜吃。

尋找搭配肉的配菜時，脂肪的香味是重點。

動物的肉所附著的脂肪，會輕微地散發出所吃的食物的味道以及香氣。

所以，我在試味道時，一定會把帶脂肪的肉，切一薄片來試吃。

舌頭的溫度溶解脂肪時，動物吃過的食物味道也會跟著跑出來。

把跟飼料有同樣味道、香味的蔬菜或是香草，或者是與飼料能相搭的菜，都是適合的配菜，味道的相乘效果，可以讓肉更為美味。

羊肉配洋甘菊茶

吃著乾燥牧草的羊肉，配上黃色的乾燥洋甘菊泡成的花草茶，溫熱的洋甘菊茶，喚醒羊肉中某種乾草的香味。

羊肉與愛子山菜

吃達達茶豆長大的羊，如果配菜也是用茶豆的話，就太沒有創意了。所以我用了與茶豆味道接近，有山菜女王之稱的「愛子」來搭配，精采絕倫的美味。

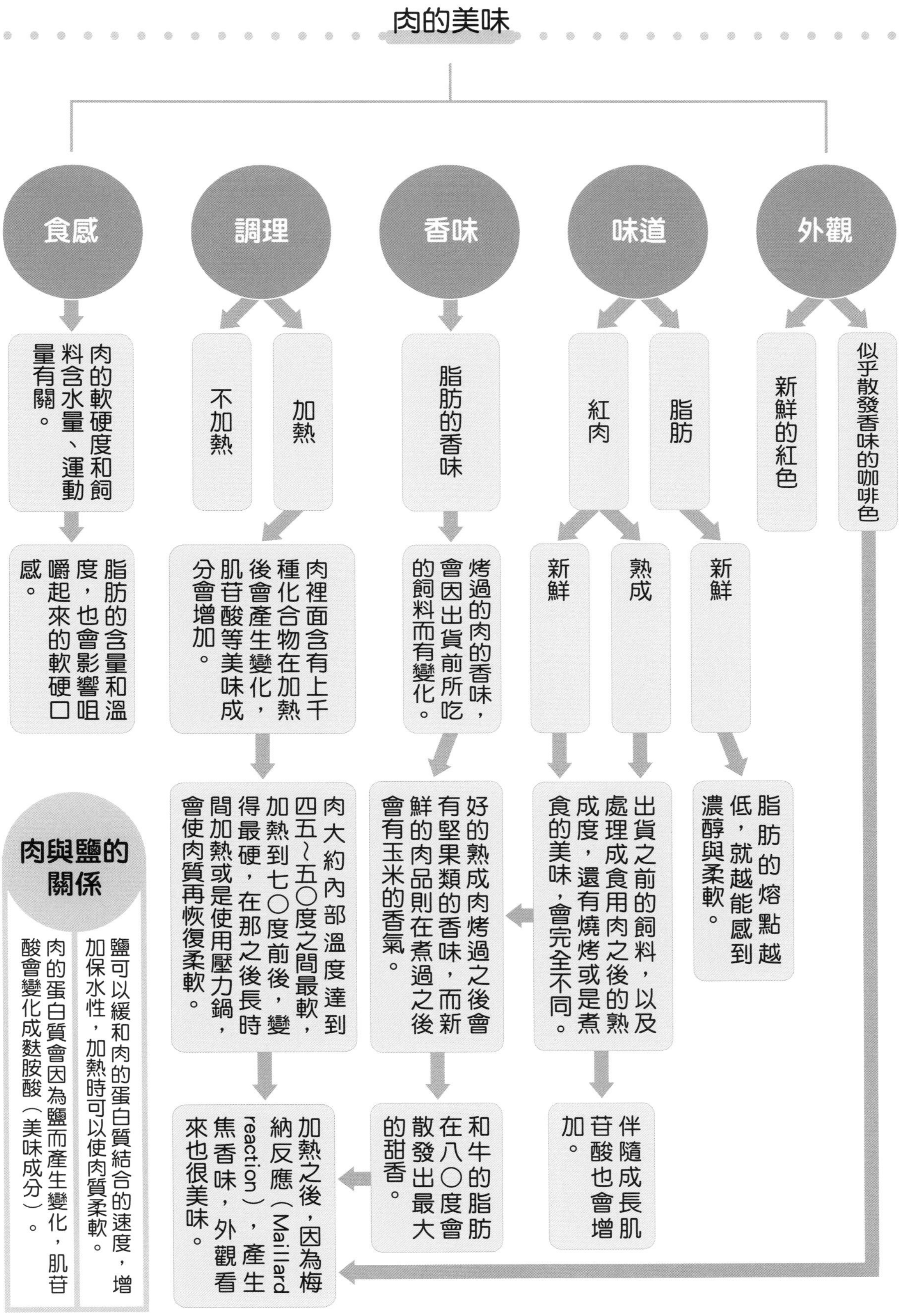

肉的美味

食感
- 肉的軟硬度和飼料含水量、運動量有關。
- 脂肪的含量和溫度，也會影響咀嚼起來的軟硬口感。

調理
- 不加熱
- 加熱
  - 肉裡面含有上千種化合物在加熱後會產生變化，肌苷酸等美味成分會增加。
  - 肉大約內部溫度達到四五～五〇度之間最軟，加熱到七〇度前後，變得最硬，在那之後長時間加熱或是使用壓力鍋，會使肉質再恢復柔軟。
  - 加熱之後，因為梅納反應（Maillard reaction），產生焦香味，外觀看來也很美味。

香味
- 脂肪的香味
  - 烤過的肉的香味，會因出貨前所吃的飼料而有變化。
  - 好的熟成肉烤過之後會有堅果類的香味，而新鮮的肉品則在煮過之後會有玉米的香氣。
  - 和牛的脂肪在八〇度會散發出最大的甜香。

味道
- 紅肉
  - 新鮮
  - 熟成
  - 出貨之前的飼料，以及處理成食用肉之後的熟成度，還有燒烤或是煮食的美味，會完全不同。
  - 伴隨成長肌苷酸也會增加。
- 脂肪
  - 新鮮
  - 脂肪的熔點越低，就越能感到濃醇與柔軟。

外觀
- 新鮮的紅色
- 似乎散發香味的咖啡色

肉與鹽的關係
- 鹽可以緩和肉的蛋白質結合的速度，增加保水性，加熱時可以使肉質柔軟。
- 肉的蛋白質會因為鹽而產生變化，肌苷酸會變化成麩胺酸（美味成分）。

分析味道這件事

我們人類必須靠其他生命來延續。

「我領受了。」◎

這句話，包含了所有的意思。

做料理也是一樣，向生物學習生態，尊重生命，都是一樣的。

把自己與其他生物一樣看待。

不論什麼樣的土壤、生長於何處、吃些什麼、做何感受而活、如何培育下一個生命，了解這些而食用，我認為，這就是尊重生命。

最能直接感受到生物的生命的，就是「味道」。

分析味道的能力越高，就能做出越好吃的料理。

試味道時，用判斷這是能吃、或是不能吃的感覺來嘗試的話，便能感受到平時感受不到的味道。

接下來，分析味道，懷著感謝的心，來領受食物。

把感受到的味道化為料理之後，便是我們所領受的生命，超脫成佛的時刻。我是這樣認為的。

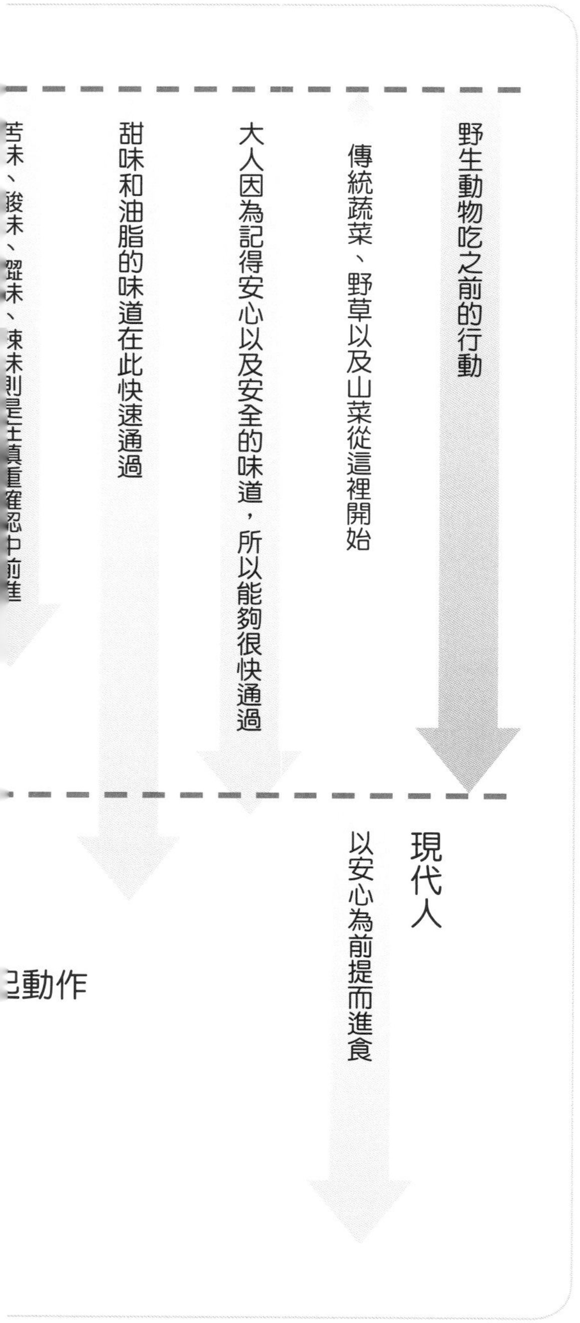

野生動物吃之前的行動

傳統蔬菜、野草以及山菜從這裡開始

大人因為記得安心以及安全的味道，所以能夠很快通過

甜味和油脂的味道在此快速通過

苦味、酸味、澀味、辣味則是在慎重確認中前進

現代人

以安心為前提而進食

動作

◎譯註：Itadakimasu 日本人在吃東西之前，習慣都會說這句話。

回歸初心感受味道

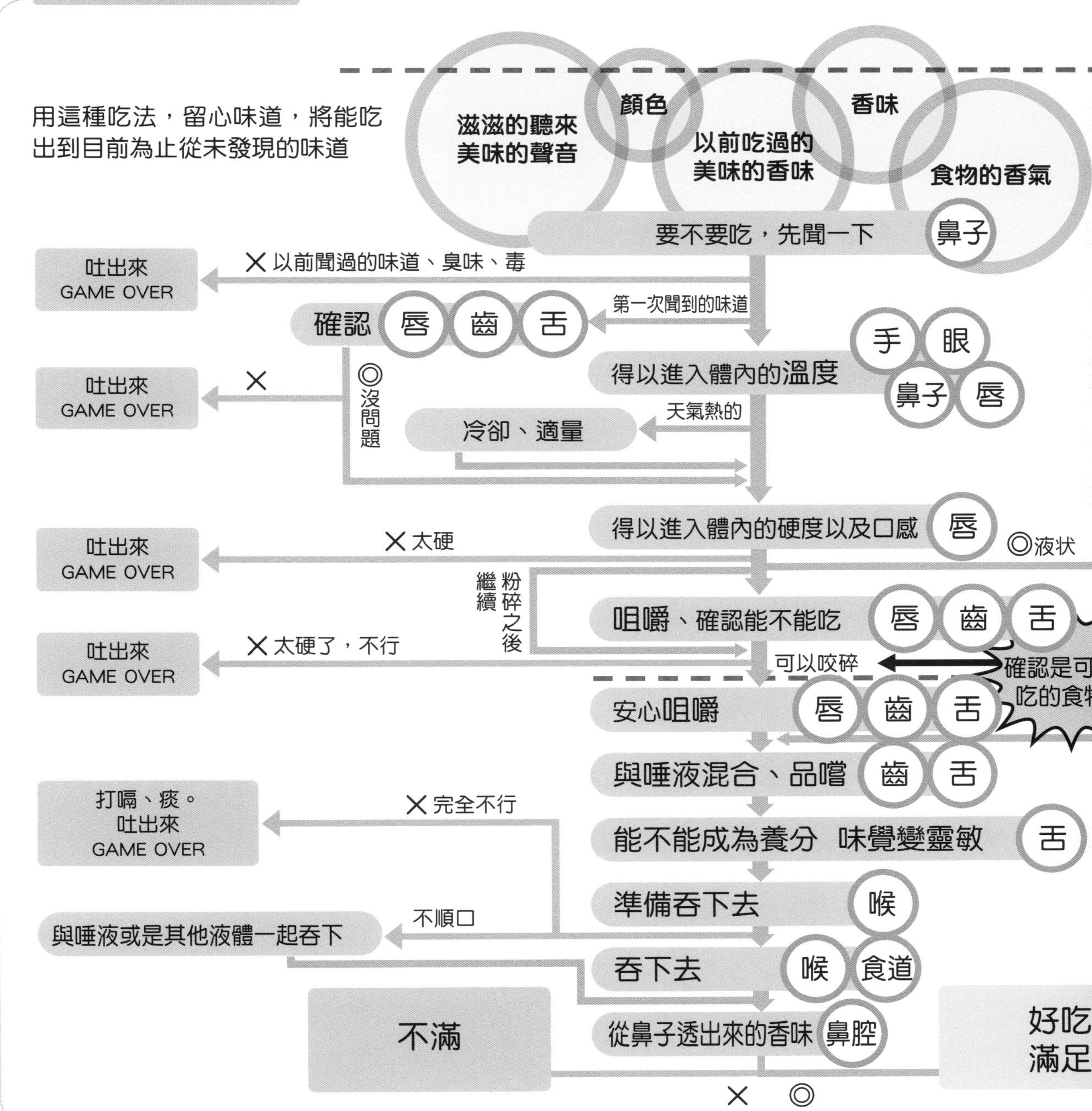
用這種吃法，留心味道，將能吃出到目前為止從未發現的味道
滋滋的聽來美味的聲音
顏色
以前吃過的美味的香味
香味
食物的香氣
要不要吃，先聞一下
鼻子
吐出來 GAME OVER
╳ 以前聞過的味道、臭味、毒
第一次聞到的味道
確認
唇
齒
舌
手
眼
得以進入體內的溫度
鼻子
唇
吐出來 GAME OVER
╳
◎沒問題
天氣熱的
冷卻、適量
得以進入體內的硬度以及口感
唇
吐出來 GAME OVER
╳ 太硬
◎液狀
粉碎之後繼續
咀嚼、確認能不能吃
唇
齒
舌
吐出來 GAME OVER
╳ 太硬了，不行
可以咬碎
確認是可吃的食物
安心咀嚼
唇
齒
舌
與唾液混合、品嚐
齒
舌
打嗝、痰。吐出來 GAME OVER
╳ 完全不行
能不能成為養分 味覺變靈敏
舌
準備吞下去
喉
與唾液或是其他液體一起吞下
不順口
吞下去
喉
食道
不滿
從鼻子透出來的香味
鼻腔
好吃滿足
╳
◎

第3章 阿爾卡契諾的美味是這樣做的

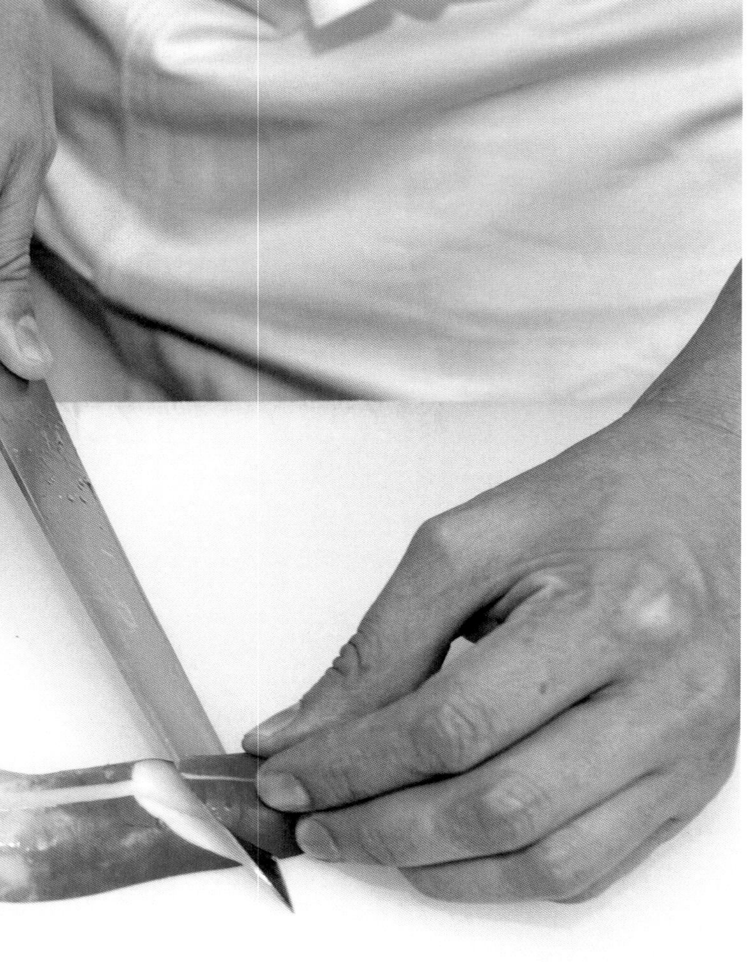

把地球上各種生物與人連在一起的，
就是料理。
希望聽到它們的輕聲細語，
所以我想呈現出食材的味道。
讓食材相互搭配，

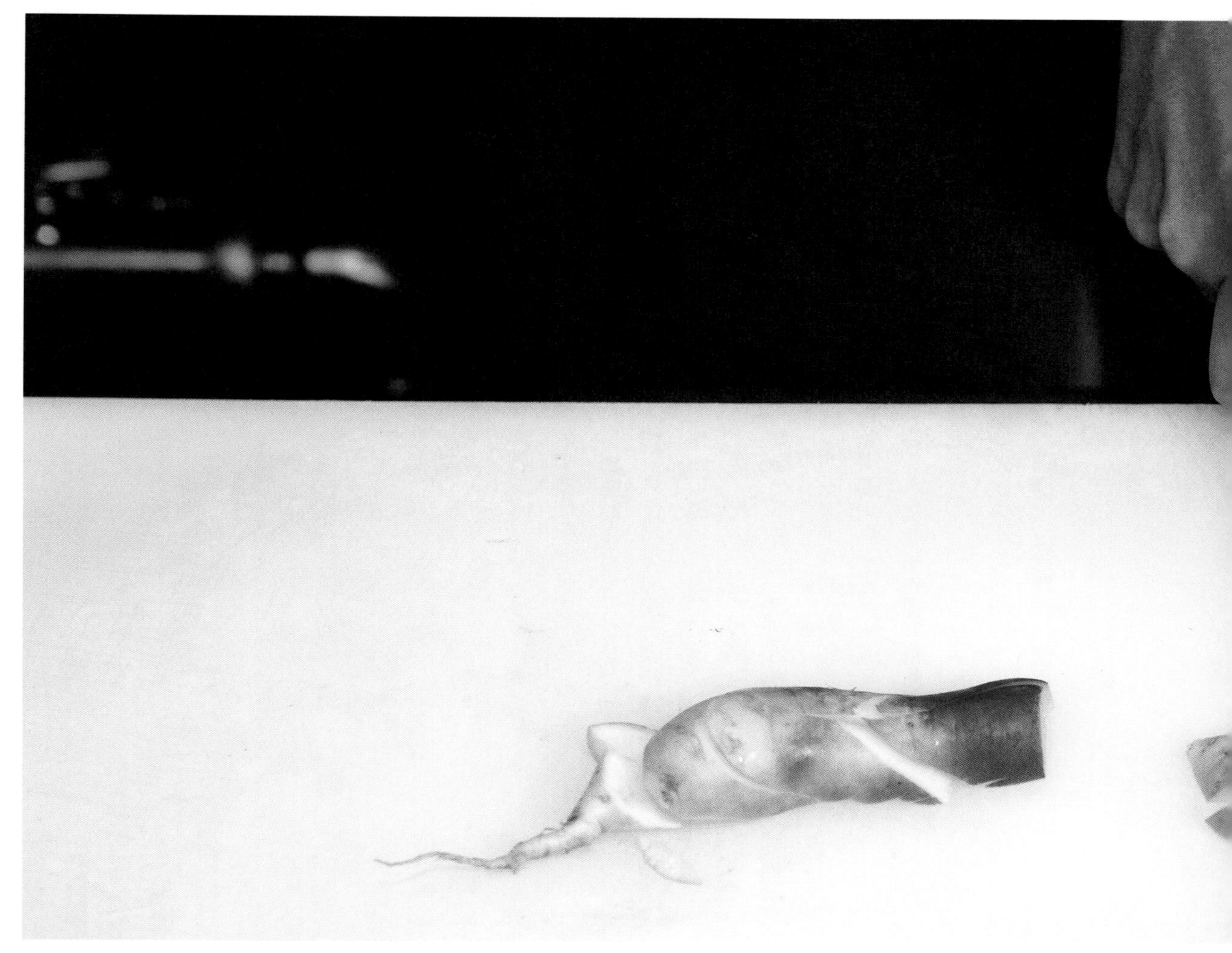

找出彼此合拍的食材，
切成最適當的形狀，
用最適合的溫度加熱。

尊重食材本身的香味與味道、
具有透明感，
卻又餘韻無窮的一盤料理。

這樣的好食材，
讓人吃完之後，還想再度相會。

阿爾卡契諾的料理哲學

使生命安息、提出最佳的調理，追求極致的組合，這就是我的料理。

一個盤子裡所使用的食材，會控制在三種以內，有時只有一樣或是兩樣。

各位應該都有做過什錦炒蔬菜這道料理吧。

紅蘿蔔、洋蔥、高麗菜、青椒、豬肉一起炒，用鹽巴以及胡椒，還有一點點醬油來調味，就能做出好吃的炒蔬菜。

如果只能選三樣食材來做這道菜的話，各位會選哪些呢？

應該有人只會選有特殊味道的蔬菜吧，比方用紅蘿蔔、洋蔥以及青椒來做什錦炒蔬菜。

但應該也有人認為要加上動物性蛋白質才算美味，因此會選擇豬肉、與豬肉很合的高麗菜以及洋蔥來做，豬肉一定要選擇黑豬肉，才會好吃。

也應該有人會選擇不用鹽巴，而是用調味料來統合味道。醬汁、沾醬等，這些用各種材料熬煮出味道的百寶箱。可以借助醬汁的美味，補充蔬菜不足的甜味。

那麼，這種作法，能否表現出蔬菜的特色呢。

我的話，只用紅蘿蔔。把紅蘿蔔切成厚一・三公分的圓片，用小火煎，每面煎約三分半鐘，最後為了引出紅蘿蔔的甜味，灑一點點鹽。

這就是能發揮蔬菜個性，帶著適當苦味以及甜味的——極致炒紅蘿蔔。

這也是阿爾卡契諾一直以來所做的事情。

「用炒什錦蔬菜來食用蔬菜，重新用自然的原理出發，看待這些蔬菜各自擁有的味道，並且用簡單的方式來調理，讓它們成為主角。」

使用醬料來調味，是很容易的事。

但是，這樣一來，食材所擁有的味道被別的味道所蓋過，就成了一道感受不出食材各自主張與個性的料理了。

我想用料理來表現庄內的自然，以及這個地域的人所培育出來的飲食文化，所以把會使食材味道混淆的醬料，都束之高閣。

關於食材，即使是同樣的品種，但不同生產者，味道也不會一樣。

庄內食材的魅力所在，就是在於每位生產者都相當自豪地生產食材。

這些具有魅力的生產者，耗費心力所種出來的食材，真希望能夠引起大家的注意，獲得大家的認同，打造一個充滿魅力的美食國度。

我只有一個請求。

讓食材原來的味道，讓更多人能夠知道。

尊重每位生產者的個性，表示在地域網絡裡，彼此都尊重對方的存在。安心感與幸福感油然而生，這就是地方創生之路的起點。

各位所住的地方，也一定有非常棒的生產者，種植出很棒的食材。

找出那些食材，並且因這些食材而感到自豪。引出食材的最大魅力，便能增加附加價值，並且向外界宣傳，讓大家也愛上這些食材。

不久的將來，這些食材將會成為地方經濟的支柱。

阿爾卡契諾的料理思路

1 選擇有生命力的食材。

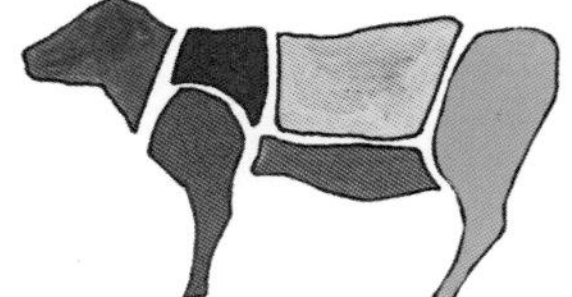

2 安息的生命，成為可食用的材料。

3 選擇適合的道具，適度加溫。

4 加入能引發共鳴的食材。

5 比例平衡。

6 加入主廚的感性。

7 加入正確的鹽量來調味。

一般餐廳的料理

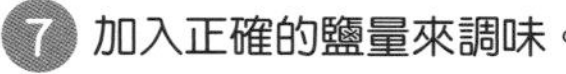

＋

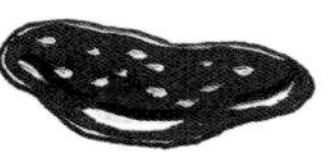

醬汁

黑松露

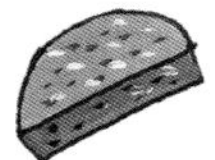

鵝肝

用既有的料理方法來調理

↓

補充不足的味道，舌頭當然會感受到美味，但是自然的材料的味道卻被抹殺。

適合不同部位的調理法

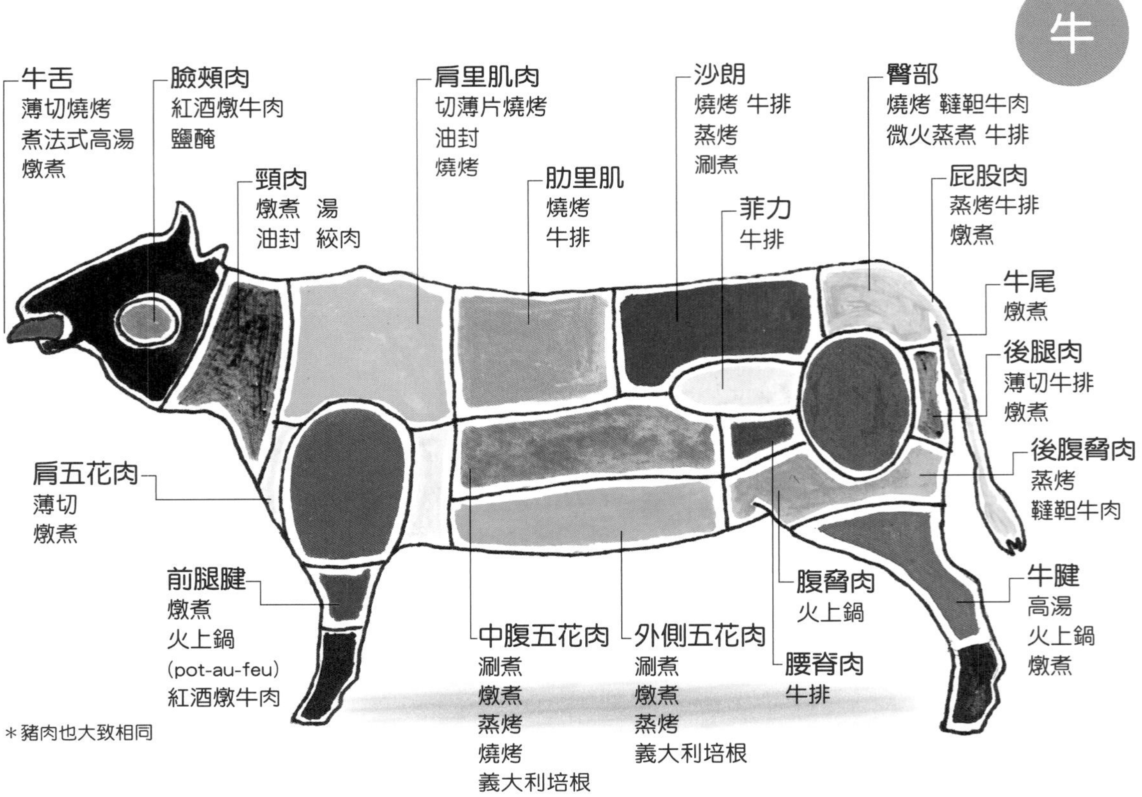

牛
牛舌
薄切燒烤
煮法式高湯
燉煮
臉頰肉
紅酒燉牛肉
鹽醃
頸肉
燉煮 湯
油封 絞肉
肩里肌肉
切薄片燒烤
油封
燒烤
肋里肌
燒烤
牛排
沙朗
燒烤 牛排
蒸烤
涮煮
菲力
牛排
臀部
燒烤 韃靼牛肉
微火蒸煮 牛排
屁股肉
蒸烤牛排
燉煮
牛尾
燉煮
後腿肉
薄切牛排
燉煮
後腹脅肉
蒸烤
韃靼牛肉
肩五花肉
薄切
燉煮
前腿腱
燉煮
火上鍋
(pot-au-feu)
紅酒燉牛肉
中腹五花肉
涮煮
燉煮
蒸烤
燒烤
義大利培根
外側五花肉
涮煮
燉煮
蒸烤
義大利培根
腹脅肉
火上鍋
腰脊肉
牛排
牛腱
高湯
火上鍋
燉煮

＊豬肉也大致相同

雞
雞頸肉
加香料油炸
雞翅
湯 燉煮
炸雞
雞翅腿
蒸烤 燉煮
炸煎 油封
骨盤關節肉
希有價值高
雞屁股
燒烤
雞胸肉
煎
直火烤
裹麵包粉油炸
水煮
小里肌
生食
水煮
雞肉泥
腿肉（上）
煎
腿肉（下）
油封
燉煮
蒸烤
慢慢加熱煮法

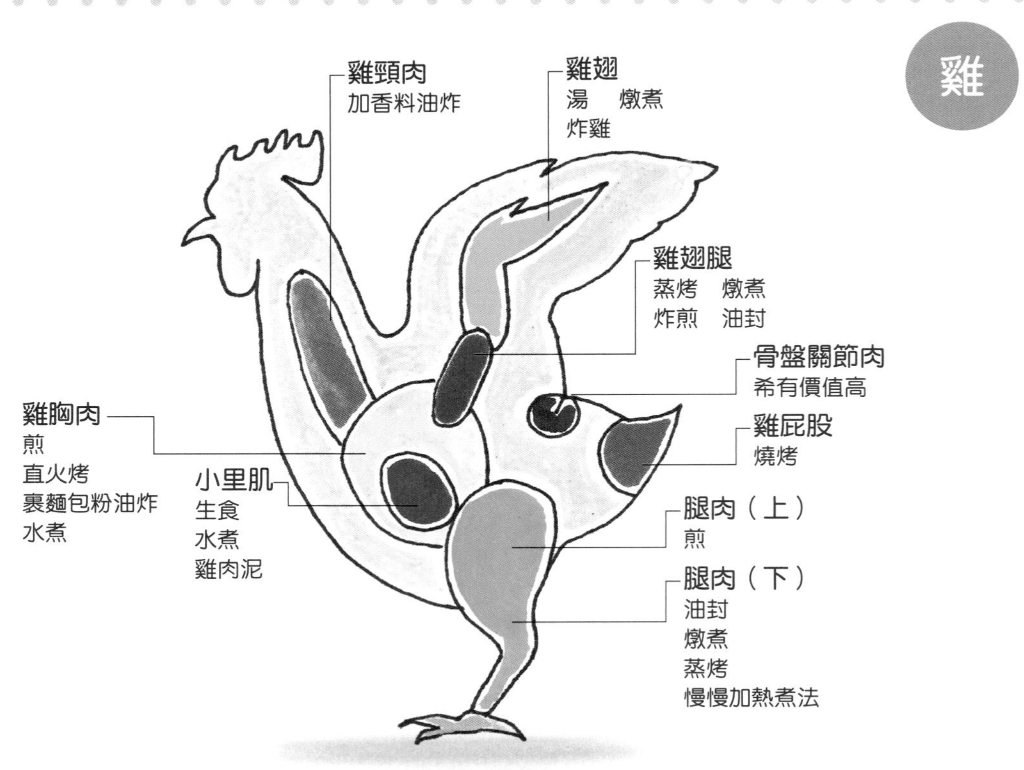

加熱媒材不同，食材也會有不同的變化

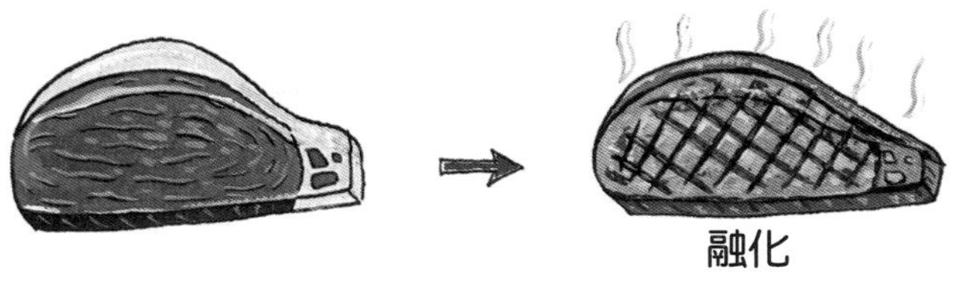

①選擇加熱的媒材

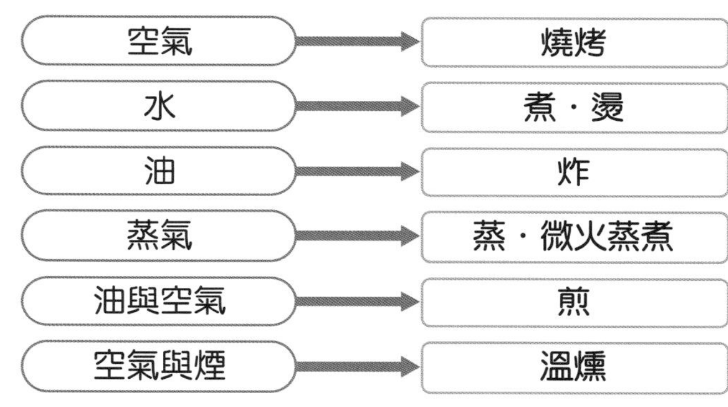

②加熱溫度不，味道也不一樣，選擇最適合的烹調溫度

部位	中心溫度
牛沙朗	55~60℃
牛菲力	55~58℃
豬里肌	65~68℃
豬小里肌	65℃
羊里肌	54~58℃
羊小里肌	58℃
羊腿	60~64℃
鹿里肌	58℃
雞胸肉	62℃
雞腿肉	68℃
雉雞胸肉	68℃
鴨胸肉	58℃
鴿胸肉	55℃
蝦子	77℃之後有彈牙口感
干貝	57℃
鹽油醋醃過的魚	43~50℃
沒有醃過的魚	60℃
鯛魚	57~62℃
根菜	以70℃ 加熱50分鐘
洋蔥	90℃

加熱調理的訣竅

- 使用一般的烤箱時
  設定溫度為中心溫度×3

- 使用蒸氣烤箱時的溫度設定
  白肉…中心溫度＋3~8℃
  紅肉…中心溫度＋8~15℃
  肉比較大塊時，中心溫度＋45℃
  （加熱時間也要加長）

- 肉最柔軟的是45~50℃
  過了這個溫度，軟化程度會漸漸下降
  所以70℃前後最硬

- 肉在超過68℃時，會開始出水

- 烹調肉類時，溫度要緩緩上升

- 調理魚類時要一口氣加熱

參考文獻：《烹調美味的「熱」科學》佐藤秀美　柴田書店

阿爾卡契諾的味道

形成阿爾卡契諾的味道，最重要的是：

①讓食材的味道完全發揮可能性。

②食材與食材結合的相乘效果。

③若有不足的地方，用香味來補充。

①發揮食材的味道，我用的方法是鹽以及溫度。

在阿爾卡契諾裡，常備有十九種鹽。

因礦物質的含量比，而有苦味的鹽、酸味的鹽、柔和順口的鹽等等，分別使用。

鹽的主要功能是引出食材的味道。在小黃瓜片上灑一點鹽，水分會跑出來，小黃瓜的味道會更濃。所以運用這種原理，突顯食材原有的味道。

若加太多鹽，強過食材原本的味道也不行，所以盡量控制在剛剛好的用量。

接著是看清楚食材的特性，找出最佳的溫度以及加熱時間。

以洋蔥為例，以隔水加溫，保持九〇度炒三小時，可以保持洋蔥脆脆的口感，同時甜味也會增加、美味凝聚的炒白洋蔥。最後再加一點點鹽，味道輪廓更明顯。

馬鈴薯以及南瓜、小芋頭等澱粉含量高的食材，以七〇度加熱五十分鐘之後，澱粉會轉化成糖，不僅變甜，小芋頭等還會變成更濕潤軟黏的口感。

食材不同，提升美味的最佳溫度也不同。

加熱時，更重要的一點是口感。口感也是食材重要的個性之一，所以，想要有什麼口感，就反向推算，決定食材的切法。

像之前提到的炒紅蘿蔔，如果紅蘿蔔切太薄，炒了之後就會變太軟。因此才會刻意切成一・三公分，這樣才能保有根莖類蔬菜特有的口感。

引出食材的極限味道之後，再進到②的食材與食材加乘效果的步驟。

找出搭配主角食材的最佳組合，我找到的方法是「相會法則」、「咀嚼次數法則」、「摻雜苦味法則」。

我稱之為奧田理論，套用這套公式的話，就可以輕易找出適合彼此的食材以及調理方法。最後再補上③的香味，就能做出更好吃的一盤料理了。

香味在料理中，與味道同等重要。

增加主角食材所保有的香味，可以搭配有同樣或是類似香味的食材。

比如「稚鰤魚佐月之雫的鹽與西西里島橄欖油」，利用與稚鰤魚的瓜果香味接近、帶有青草味的橄欖油來搭配，就會產生加乘效果。

但是吃下之後，還是會覺得「雖然香味很接近，但還是有很微妙的差異，是不一樣的香氣。」口中帶有好幾重香味，美味的感覺也會持續一段時間。

之後，持續而來的香味，帶來「醇厚」的錯覺。

利用香氣來產生醇厚感，所以，我的料理不需要使用醬汁。

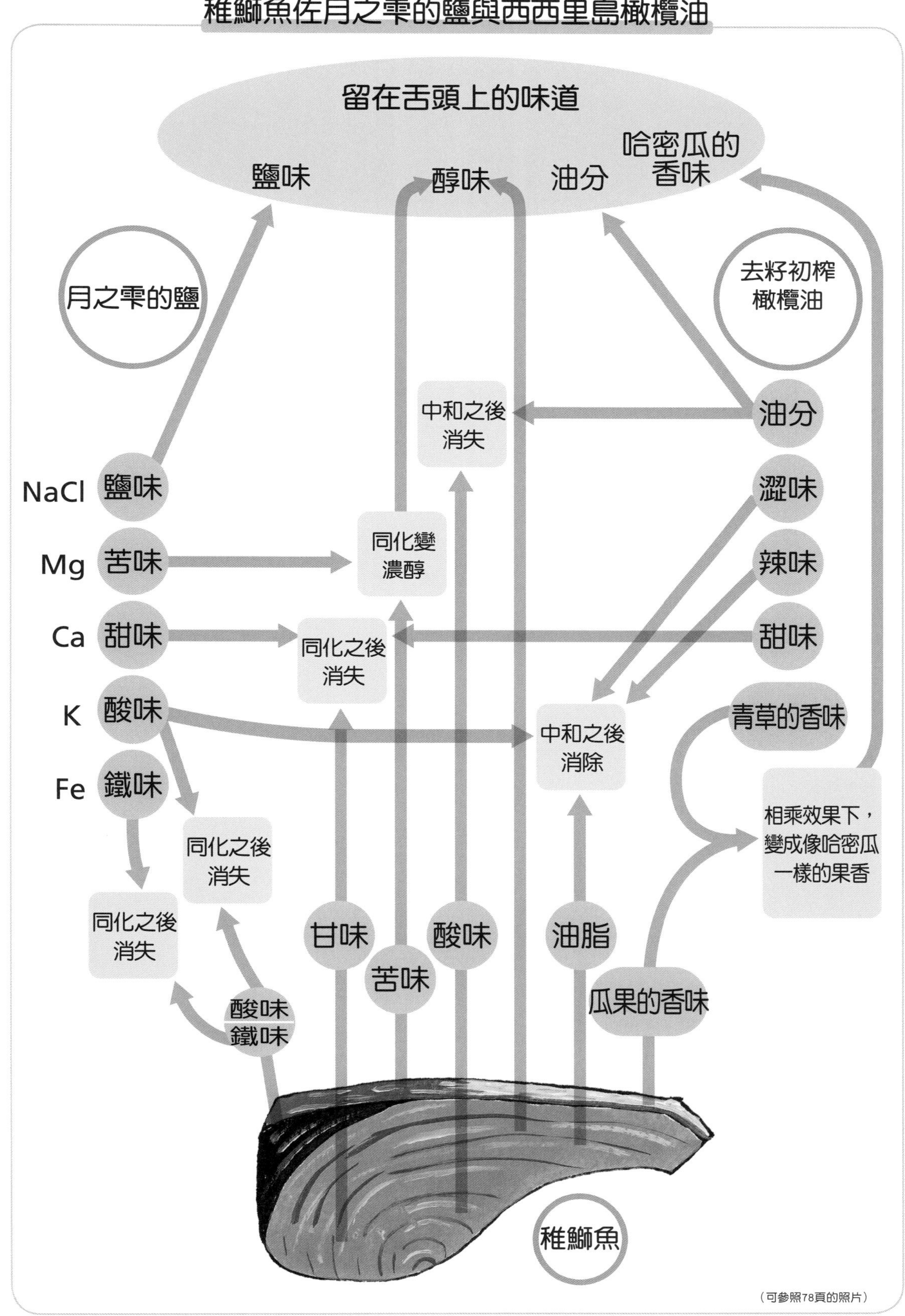

稚鰤魚佐月之雫的鹽與西西里島橄欖油
留在舌頭上的味道
鹽味
醇味
油分
哈密瓜的
香味
月之雫的鹽
去籽初榨
橄欖油
中和之後
消失
油分
NaCl
鹽味
澀味
Mg
苦味
同化變
濃醇
辣味
Ca
甜味
同化之後
消失
甜味
K
酸味
中和之後
消除
青草的香味
Fe
鐵味
相乘效果下，
變成像哈密瓜
一樣的果香
同化之後
消失
同化之後
消失
甘味
酸味
油脂
苦味
酸味
鐵味
瓜果的香味
稚鰤魚
（可參照78頁的照片）

找出食材的最佳搭檔

「對比與同化・相會法則」

有一份菜單，就是因為找到食材的最佳搭檔，吸引了眾多的客人前來。

那就是「藤澤蕪菁與庄內豬的燒畑風景」。

「對比與同化・相會的法則」就是從這道料理中產生的。可以在眾多食材中，找出適當組合的方法。

首先，先掌握主角的食材特性，接著閉上眼睛，讓自己放空到無的境界。

舌頭的溫度讓食材的溫度漸漸升高，感受到各種味道。

此時所感覺到的味道，分成第一印象到第六印象，依時間軸一一出現。

以藤澤蕪菁為例。

第一印象是清脆的口感。硬但纖細，給人強烈的印象。

第二印象是辣。皮的部分含有辣味成分。讓舌頭辣辣的。

第三印象是水嫩。與堅硬水分較少的表皮相反，果肉的水分相當多。

第四印象是甜。與一開始表皮的辣味完全相反，中心部分相當甜。咀嚼的同時甜味一直跑出來。

第五印象是泥土的香味。咬碎之後，從表皮的部分會散出淡淡的泥土的香味。

第六印象是芥末的香味。這種蕪菁含有跟芥末同樣的異硫氰酸烯丙酯物質，幾乎是在咀嚼完的同時，口中的溫度讓這種香味跑了出來。

這就是第一到第六印象。

在此，特別要注意的是一到三的部分。

如果把第一到第三印象用語言來表示，那就是「硬硬脆脆的，會辣，但水嫩。」

那麼，找出相反的字句的話，就是：

「柔軟、甜、乾爽。」……①

這就是「對比」的部分。

接著，把第四到第六印象寫出來的話，就是：

「甜甜的，有土壤的香味，有辛口的香味。」……②

這個部分就是「同化」。

把①的對比文字配上②的同化文字，大致上就可以找出五種食材的特徵。在這種情形，便是「柔軟、甜味、乾爽、會甜，有泥土的香味」。

符合上述特徵的，就是能與藤澤蕪菁搭配的食材。

也就是說，「相會的法則」是帶有主角所沒有的特徵，但又與主角有共同特徵的材料。

重點在於找出前三個印象的對比，再與接下來二到三個印象同化。

但對比與同化的順序相反的話，是找不到最佳拍檔的。

接著就是發揮想像力，找出符合上述描述的食材。

出現好幾樣候補，接著就集中找出最適合的。

活用藤澤蕪菁的香味與醇厚，動物性蛋白質應該不錯↓魚或是肉類吧↓第二印象的甜味裡，找出藤澤蕪菁沒有的脂肪甜味↓乾爽的部分，大概是豬肉、雞肉或是青光皮魚類吧↓要有甜味以及泥土的香味，把魚的選項消除，像這樣採消去法。

把藤澤蕪菁當成主要食材，那麼符合對比與同化條件的食材，就是緊緻、又有甜美脂肪的豬肉。

調理的部分，為了讓表面乾鬆，所以先用大火烤過，展現這項特徵。

構思料理時，像這樣把食材的特徵一一列舉出來，就能找出前所未有的新型態的組合。

因應不同需求，農產品的味道以及外形也有所不同

因應不同需求，農產品的味道以及外形也有所不同

	主要食材「藤澤蕪菁」	搭配的食材	
第一印象	啪地一聲「很硬」	柔軟	對比
第二印象	會辣	甜	
第三印象	很有水分	乾鬆	
第四印象	有甜味	甜味	同化
第五印象	土壤的香氣	土壤的香味	
第六印象	有辣味成分的香氣	辣的香味	

柔軟，有甜味（脂肪）、乾鬆、有甜味、帶有土壤香氣的食材，判斷出，可以襯托藤澤蕪菁的食材，是動物肉類或是個性強烈的魚。

柔軟	帶有脂肪	乾鬆	有甜味	有土壤的香味	搭配性
鰤魚	橫隔膜	燒烤	○	×	○
豬肉	肩里肌	火烤	○	○	◎
牛菲力	×	×	○	○	△
山豬肉	里肌肉	火烤	×	○	○
小牛肉	×	×	○	×	×
雞肉	×	用大火	○	×	△
鮪魚	腹肉	燒烤	○	×	○
米澤牛	里肌	×	○	○	○

〔答案〕煎烤豬肉的肩里肌肉，表面稍微烤乾，帶有焦脆的狀態。

藤澤蕪菁與庄內豬的燒畑風景

最後調整豬肉與藤澤蕪菁的比例，泥土的香味則用松露來表現。

用好食材做出好味道的奧田理論

「咀嚼次數法則」

毫無疑問，咀嚼能夠提升食物的美味。

透過咀嚼，破壞口中食物的細胞，散發食材的味道以及香味，讓人接收到美味的感覺。

而且下巴的動作，可以分泌唾泌，唾液中含有的澱粉酶和麥芽糖酶等成分，是促進消化的酵素。可以將碳水化合物以及糖分，分解為更小單位的醣，所以口中的醣分必然會增加，愈咀嚼就愈能感到甘甜。

人體帶有讓料理變好吃，這麼棒的調味料，不使用實在說不過去。

所以，我就想出了「使人咀嚼的料理」。

盤子上放的是僅差一步驟便能完成的料理，當放入口中，開始咀嚼時，才是達到巔峰，口中的味道，正是已完成的料理。

所以，一開始就要設定好「使人咀嚼〇〇次」的食材。

●黃豆芽與土雞的薩丁尼亞珍珠麵

一開始先想好，要讓吃的人咀嚼幾次，再藉此回推食材的大小以及加熱的方式。以黃豆芽來做咀嚼次數的基準。

黃豆芽咀嚼十六次時，豆子部分會被咬得相當碎，產生甜味及濃醇香。

配合黃豆芽，再來考慮搭配的食材形狀、大小、口感以及味道，再依此標準反向推算。

以黃豆芽的豆子部分做基準時，想讓珍珠麵的咀嚼次數維持在十次左右，所以考慮到口感，因此珍珠麵的大小比豆子大一輪。

土雞肉的味道希望能維持到吞下去時，所以希望能被咀嚼二十次左右，考慮到雞肉的軟硬度，因此大小是豆子的兩倍。

味道部分則交給土雞肉以及鹽。

從湯匙舀起，放入口中開始咀嚼之後，一開始會感受到黃豆芽莖的脆脆口感以及雞肉的彈牙感，約咬了六下左右，口中食材的美味會開始混在一起，十次左右時會感受到甜味，十二次左右時，開始感受到豆子的濃厚香味，咬了二十下左右時，土雞肉的甜味全面釋放，與咀嚼伴隨而生的甜味不相上下。這就是這道料理的機關。

咀嚼次數 十六次 鬆軟
咀嚼次數 二十次 有嚼勁
咀嚼次數 十次 Q軟
咀嚼次數 五次 清脆

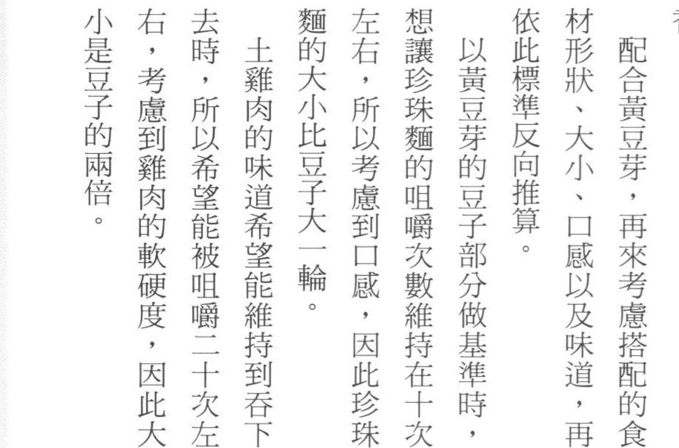

黃豆芽與土雞的薩丁尼亞珍珠麵

●材料（四人份）
黃豆芽…200g
雞胸肉…300g
鹽、橄欖油…適量
珍珠麵（粒狀的義大利麵）
低筋麵粉…200g
粗粒小麥粉…100g
鹽…3g
橄欖油…1大匙
蛋白…60g
水…50cc
水（燙煮用）…500cc

●材料（四人份）
①將低筋麵粉與粗粒小麥粉、鹽、橄欖油均放入大碗中，把水與蛋白打散之後加入碗中，全部攪拌一起，保留麵粉一粒一粒的感覺。
②把手沾濕，五指伸開攪拌碗內，邊灑上粗粒小麥粉（分量外），抓出約五公釐大小的圓粒。大小不一會比較好。
③加熱平底鍋，把雞肉灑上鹽，雞皮那面先朝下，煎到焦黃之後，切成一公分見方的小塊。
④在沸騰的熱水中，灑上鹽，先把珍珠麵放進去煮，約三分鐘之後，把黃豆芽的豆子部分放進去，稍後也把切成一公分的豆莖部分也丟進去一起煮。
⑤豆子軟了之後，加入雞肉，淋上橄欖油，再用鹽調味。

享用美食的各種法則

水分保有量的法則

乾鬆的食材加上水分多的食材，水分多的食材與乾燥的食材互相結合，彼此產生互補作用。

〔例〕蟹肉炒飯與美生菜

　　　蝦仁炒飯與青豆

■金橘與烤鱈魚卵

把刻意烤得乾鬆的鱈魚卵上，放上多汁甘甜的金橘切片。

一同放進口中的瞬間，甘甜的果汁滲入鹹味且乾鬆的鱈魚卵中，又甜又鹹，顆粒狀的彈牙感，口中有著說不出的美妙滋味。

摻雜苦味法則

帶有苦味的食材，與味道、香味以及質量均不同的苦味食材相搭配時，會讓大腦產生「苦味」×「苦味」＝「濃醇」的錯覺。

因為本身就很有味道，所以鹽的用量不必太多，是很健康的組合。

■蠑螺與苦瓜的合奏

生的蠑螺肉切片，螺肝燙熟之後搗碎，與切碎的苦瓜及西洋芹拌在一起。

蠑螺肝的苦味與苦瓜的苦味，再加上爽口的西洋芹，不用加鹽也很美味的一盤。有著調味料做不出來的協和感。

顏色的法則

顏色有波長。同樣顏色的食材，波長是一樣的，當然很合得來。

例如草莓跟鮪魚。把兩種食材組合在一起，可能匪夷所思，但是灑上一點紅色的喜馬拉雅鹽的岩鹽，同樣紅色的食材組合在一起的瞬間，就變身為美味的料理。鮭魚與柑橘也很合哦。

■紅色的湯

把草莓、樹莓、菊苣、番茄等紅色食材直接混合放在盤上。口中開始咀嚼的同時，甜味、酸味、一點苦味全部混在一起，成為果菜湯。

焦味法則

燒焦的香味可以促進食欲。當舌頭上放著焦味時，身體會瞬間反應「這是食物」。這是從繩文時代人類已知用火之後，一直延續至現在的自然反應。因為用火煮過的食物有助於消化、食物不易敗壞。這種自然的道理，我們至今仍在沿用。

■烤焦的美生菜捲起士

用葉萵苣把布利乾酪捲起來之後，用噴槍烤焦表面。烤焦的焦香味與縫隙中可見的起士，讓唾液分泌不已。恰到好處焦苦味襯托出起士的美味。

阿爾卡契諾的美味光譜

阿爾卡契諾味道的法則，還有幾項尚未介紹，但基本上就是用食材來決定味道。

地球上的天然食材本身所擁有的味道，吃下去可讓身體也感到舒服。

所以才會百吃不厭。我希望能夠做出客人吃到最後一口時，還會想著「想再吃一口」的味道。

在阿爾卡契諾所遇見的料理，味道的範圍，其實非常狹隘。

如果把鹽味視為中庸的話，兩端則可分成刺激與快感兩大方向。愈往另一端前進，味道的力道就愈強，強到對身體形成負擔。

但阿爾卡契諾盡可能使用新鮮且優良的食材，所以味道箭頭所指示的方向就非常狹隘。如果使用沒有味道的食材，或是味道不佳的食材，那麼就必須擴大這個幅度了。

此外，愈是往左，為了取得味覺的平衡，右邊也得加入同樣的味道，才能讓人覺得好吃。

如果要讓人在吃下一口的瞬間就覺得好吃的話，只要有鹽味、油脂、甜味、鮮味，再加上焦味的話，就可以了，代表性食物就是「烤肉」。這裡的「好吃」就是讓五種味道變得更舒服，像是加上左側的酸味、香料、苦味、澀味以及辣味等刺激。

也就是說，凌駕食材的味道，用調味料來變化出好吃的料理。

相對之下，味道範圍狹隘的料理，只要好食材，便能讓人獲得滿足。

新鮮的生魚片，用鹽，比醬油更能感受到美味。更甚者，若是品質極佳的話，不用加任何東西，就夠好吃了。兩者是同樣的道理。

我最想做的是：第三口時會覺得好吃的料理。愈吃愈能感受到食材的味道，要感謝的不是料理的人，而諸如：「高麗菜，謝謝你帶來的美味。」

我想要做的是這種料理。

阿爾卡契諾的美味光譜

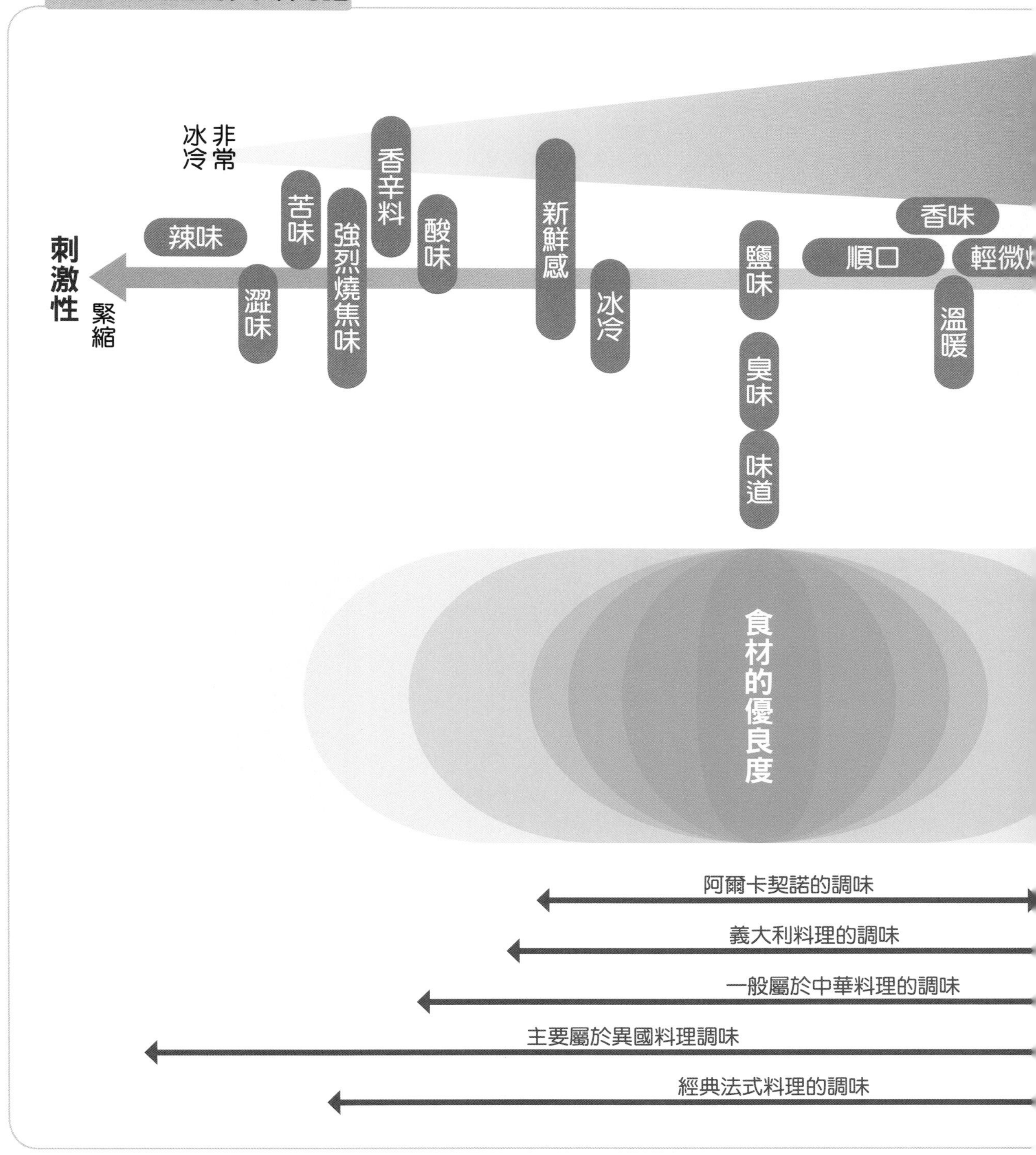
非常冰冷
刺激性
緊縮
辣味
澀味
苦味
強烈燒焦味
香辛料
酸味
新鮮感
冰冷
鹽味
臭味
味道
香味
順口
輕微
溫暖
食材的優良度
阿爾卡契諾的調味
義大利料理的調味
一般屬於中華料理的調味
主要屬於異國料理調味
經典法式料理的調味

想做出以蔬菜為主角的美味料理，要從農地開始準備

最能讓人感受蔬菜美味的，是與動物性蛋白質一起吃的時候。

食物的食用方法，有人什麼都吃，也有人是素食主義者、穀物菜食主義、糙米菜食等喜好或是其他各種主義；另外像印度教徒不吃牛肉、伊斯蘭教徒不吃豬肉一樣，有種種限制。

我以蔬菜為主角來做料理，所以做了各種嘗試。找到的結論是：肉類的話「肉類二五%，蔬菜七五%」、魚類的話「魚40%，蔬菜60%」這樣的比例。

蔬菜與動物性的香味混合時，沈睡在蔬菜裡的香味也會甦醒。也就是說，比起單吃蔬菜，與肉以及魚一起吃，會更好吃。放在湯裡的蔬菜之所以會好吃，是因為高湯裡有柴魚的味道以及香味。

舌頭碰觸到是動物性的食物時，會本能地認為這就是能量來源。這是我們身體的聲音。所以疲勞的時候特別想吃肉。從人類歷史來看，從事農耕、種植穀物，是約一萬年前開始，但在那之前的數百萬年間，人類靠狩獵以及採集，來維持生命，所以那應該是遺傳。

所以，在我的店裡面，為了讓蔬菜更好吃，我會使用肉類、魚以及乳製品等動物性蛋白質。

此外，蔬菜跟魚、肉一起食用，也能使蔬菜發揮本領。生菜含有的消化酵素可以幫助消化，而食物纖維可以幫助排出多餘的脂肪。

動物性的香味可以引出蔬菜的香味，其實，在土壤中也是同樣的原理。

培育作物的方法有很多種，我認為蔬菜的味道，是從田裡開始成形的，所以給了蔬菜什麼，就會長出什麼，可以仔細吟味再三。

蔬菜的味道，大致可分為以下幾種。

讓蔬菜的美味更上一層樓的是「有機農法」。這是使用有機物堆肥的農法，使用動物的糞便，製成熟成堆肥來施肥。長成的蔬菜，與其他的蔬菜相比，味道更為豐厚。

雖然我不懂其中的關連，但是很明顯的，施予動物性堆肥的蔬菜，跟一般的蔬菜，味道跟香氣截然不同。有可能是土壤中的微生物群的種類完全不同，產生了某些作用吧。

有機農法的定義範圍很大，其中，可以使用天然製成的農藥，但基於生產者的個人主義，有的農家不論是否天然，只要具有藥性，一概不使用。

極度講究、絕不摻入化學物質的生產者，連使用的堆肥，都要求得來自未施打或食用荷爾蒙劑、抗生物質的針劑以及飼料的動物糞便。

如果是以蔬菜的味道為優先選擇的話，我會想選這種生產者的作物。

使用動物性堆肥，但施用未完全熟成就拿來用的肥料，這樣的蔬菜會散發出一種泥土的臭味，特別是從皮的內側分泌出來。

蔬菜的味道較多樣的，是自然農法。味道清淡，但含有很多種味道，所以運用這種特性，料理的調味也會比較清淡。

自然農法的概念也非常廣泛。使用森林的落葉及枯草作成的堆肥，或是混入青草的植物性堆肥，也有農家堅持不給予任何肥料，田間長出來的雜草，有拔草一派，也有人堅持不拔雜草，更有人堅持不耕地。

以味道來評比的話，用自然農法種出來的蔬菜，有的很好吃，也有的不好吃。

好吃的蔬菜，是一種吃了之後，會自然湧出感謝地球的心情，感受到自然的味道。難吃的蔬菜，則像完全放任不管的農地般，完全沒有蔬菜該有的味道。

大多數的生產者，所從事的是使用農藥以及化學肥料的農業，一般稱為「慣行農法」。

這是戰後為了實踐經濟安定的農業而推進的農法，農地裡發生病蟲害時，利用化學藥品進行驅除治

1 小田島薰先生85歲了。「思考這座山在一百年後的樣子，就變成這樣子了」，展望未來的時間長度也完全不同。 **2**只要有路可以讓車子進入，山裡也可能從事農業。 **3**西和賀的山裡有85種左右的山菜，其中小田島先生成功栽培了19種。 **4**種有行者蒜、蟒蛇草、山蘆筍、山葵等作物。**5**把湧出山泉水的地方圍起來，闢建了西洋菜田。從樹林之間照進來的斜光，培育出的西洋菜，有著柔和的味道。

療，給予無機質肥料補充營養，蔬菜可以長得又快又大。

這種農法種出來的蔬菜，並不強調自己的味道。急速成長的關係，切面的網目比較大，不具有香味，味道也沒有魅力。有時還會有澀味以及不舒服的味道。

植物中，我最喜歡的是山菜。吃下去可以感受到身體的欣喜，感覺山菜比別的蔬菜更強烈地表達「如果要把我做成料理，你會怎麼做？」

長在山裡的野草，也同樣主張自己的味道，也具有強大的生命力。這就是我的店裡用了很多山菜跟野草的原因。

如果能把整座山變成田地的話……喜歡山菜的我，一直做著這樣的白日夢。

岩手縣有位人士實現了這個夢想。

與秋田縣交界的西和賀町的小田島薰先生，他從事的就是「森林農法」。利用山所持有的地力，進行山菜以及野草的栽培，可說是終極農法。

小田島先生以前就職於營林署◎，對山林的事情可說無一不曉。還在公務員時代，就開始構思森林農法，並且持續研究，現在等於是踏入實踐階段，以及技術傳承。

小田島先生構思的森林農法，首先是先種植檜葉樹，修剪樹幹來調整斜射光線。檜葉樹不會誘發花粉症，也是重要的建築木材，具有商業價值。

把種在園藝花盆裡的山菜苗，改種到林地裡。一開始時還會鋪設防草塑膠農膜來保護，等到定著之後，就沒有保護的必要，讓山菜自然增生。

山林裡開闢林道，不慣於走山道的人也能藉由小貨車進入山裡面。

森林的林木長到可以砍伐，需要六十到七十年之間，但是在這期間，每年都可以有現金收入。

因為藉由砍伐樹枝來調節光線，也繼續進行山林的管理，所以一方面可以確保收入，再加上可以採收高品質的山菜，更得以保全森林。

與自然的調和中實現農業，我對於長年以來持續研究的小田島先生，致以無比的敬意。

◎譯註：營林署為日本行政組織，現改名為森林管理局，主要工作為管理以及培育國家林地。

農法不同，蔬菜滋味就不同

不同的農法，蔬菜味道也不同，依我自己食用的經驗以及平均的數字來說明。

從培養土壤開始，到肥料的給予方式，蔬菜的特徵完全不同，我會配合那些特徵，改變料理的手法。

此外，農家的個性也會反映在蔬菜的味道上。在貧瘠的土地上，想盡辦法拚命種出美味蔬菜的農家，其蔬菜帶有誠實的味道。肥沃的土壤上，講求經濟效率的農家，種出來的蔬菜，是沒有個性的味道。

	自然農法 土壤未經改良	慣行農法
土壤條件	缺少蔬菜生長所需的微生物，雜草佔優勢，土質堅硬	使用農藥以及化學肥料
時代	原始農法	支撐戰後糧食不足以及經濟高度成長，可以大量生產的農法
味道	任性霸道帶有苦味、過硬，很突兀的味道	平凡的味道，稍微苦味，澀味多。
味道的強度		×
味道的多樣性	突兀，味道不均衡	不多，但平衡感佳
口感	筋很多而且硬	筋很多
順口舒適	會卡在喉嚨，皮或內裡的纖維多的部分與其他部分不平衡。	吃下去時喉嚨與食道會有異樣感。
吃完之後	「咚」地發出回音	「咚」地直通胃部
香味	△ 主張「我就是〇〇啦」的強烈味道	× 較少
味道分析	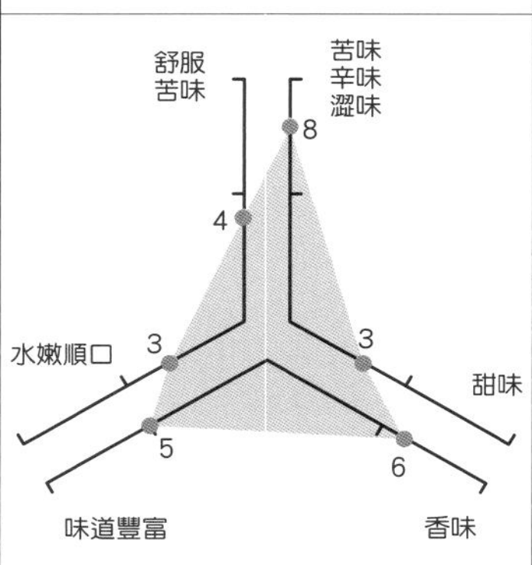	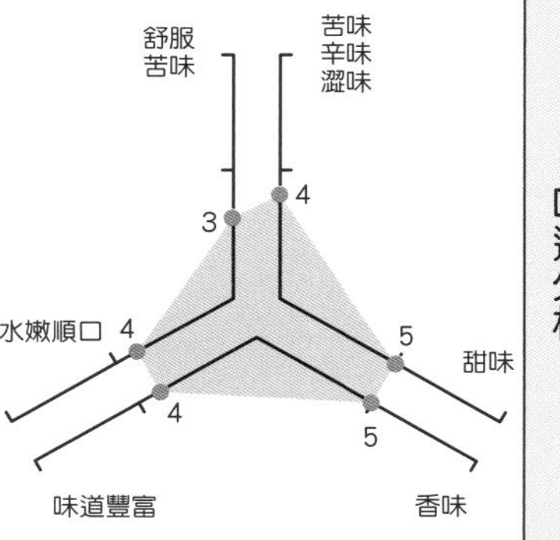
料理方式	不像蔬菜，比較接近野生的植物，必須藉助其他食材的美味或是調味料來補充味道。 （例）義大利蔬菜湯 炒蔬菜…醬油調味 勾芡料的食材 材料數　多	香味較少，不夠醇厚，所以要藉助美乃滋或是胺基酸等調味料，利用其他美味食材來補充味道。 （例）沙拉淋美乃滋 炒蔬菜…醬油調味 材料數　多

蔬菜味道分析圖

舒服苦味　10　苦味辛味澀味　5

水嫩順口　甜味　味道豐富　香味

搭配的食材

濃醇　乾的食材　香味　味道豐富　苦味　油分

料理時的搭配

與蔬菜的三角形相對應，使用符合反三角形特徵的食材來搭配。

補充第一主角蔬菜的不足之處。

	森林農法	有機農法	自然農法 土壤經過改良
土壤條件	山林的腐葉土	使用動物性堆肥	施予植物性堆肥。土質鬆軟，微生物豐富，農地自成一個生態系
時代	讓地球資源永續經營的農法	追求美味安全的當代農法	尊重自然循環並考量健康的農法
味道	水嫩且味道夠勁。滋味濃厚	美味、糖度，是可以可以直接感受蔬菜基因的味道。味道極有魅力	高雅，蔬菜本身的基因所展現的味道，格外美味
味道的強度			△
味道的多樣性	多樣性	一下子湧入多種味道	味道種類豐富且平衡
口感	咬下去有彈開的感覺，沒有什麼筋，葉片也很柔軟	清脆的口感	輕柔纖細
順口舒適	營養成分高，吃下去之後身體也會覺得很舒服	糖度高，也有適當的苦味，吃下去同時身體會同時反應「啊、好吃」	非常順口。不知不覺吃下許多。
吃完之後	感覺身體被淨化，身體能源也被加滿的感覺，意猶未盡	「哇，吃完了」高度滿足	順暢地抵達胃部，對消化不造成負擔
香味	◎口中散發香味	◎嘩～瞬間散發香味	○口中咻地閃出清爽的香味
味道分析	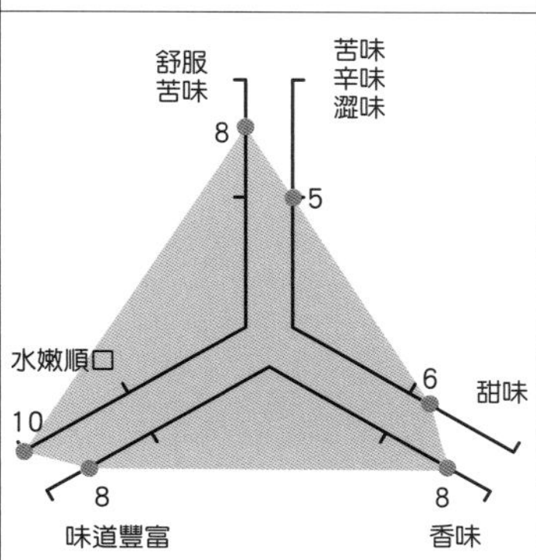	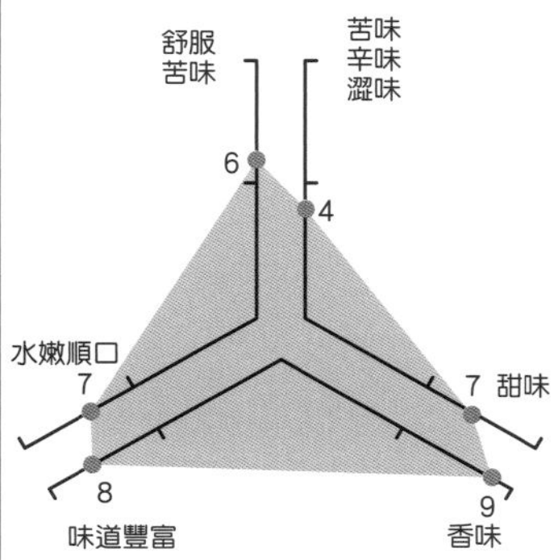	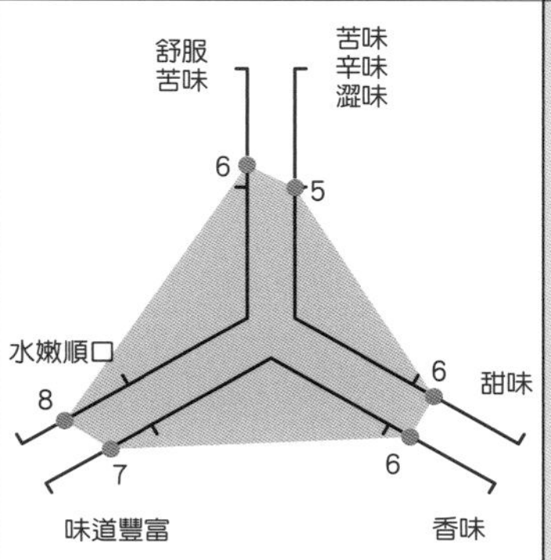
料理方式 	展現水嫩以及強大生命力，所以搭配同樣生命力強但帶有苦味的食材，取得味道的平衡，提高滿足感。 （例）紅葉笠燙海鞘 炒蔬菜…鹽味 材料數１～２種 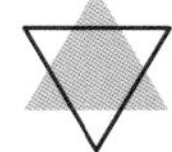	了解農家的者的生產哲學後，蔬菜本身就很美味，所以引出食材的美味，搭配適當的優良食材讓味道平衡，變得更美味。 （例）烤雞肉馬鈴薯 炒蔬菜…鹽味 材料數少 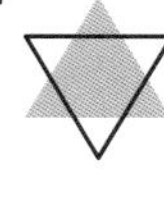	高雅的味道，再多也吃得下，是很舒服的味道，為了不破壞原有的感覺，料理手法也儘量單純。 （例）綠色沙拉佐橄欖油、檸檬、鹽 炒蔬菜…不放肉、鹽味 材料數　少

第4章 磨亮地方原石的食譜

該面對誰？
為了誰來做料理呢？

同樣的食材，
料理手法變了，
盤中佳餚的表情也為之一變。

將土地中食材的所有故事，皆託付在
盤中的美味，
然後從盤中，歡喜之聲油然升起，
這樣的料理，任誰都無法不愛上的。

本章是集結岩手日報、山形新聞、新潟日報、信濃每日新聞、岐阜新聞發行的「生活的智慧」誌、河北新報發行的「WISDOM」誌等內容，重新編排而成。

最大搭載人員 11人
MGS

到各地去做料理

這裡有兩道料理。

右下照片裡的是我二十五歲以前做的料理。用我自己的創作，看著客人，把我自己的想法表達出來的羊肉料理。

用蔬菜做出絢麗色彩，光鮮奪目，再加上番茄做成的醬汁，補充羊肉所沒有的味道，是一道味道繁複的料理。

左邊則是用丸山光平先生的羊肉為主角，想讓丸山先生開心，發揮羊肉最大美味而做成的一道料理。

丸山先生的羊肉，味道本身就已經完成了，所以我只用了馬鈴薯鋪在下面，用來接收美味的肉汁。調味料也只有鹽。用香草鹽襯托羊肉的美味。

該面向誰，為了誰而做料理？像這樣，心意不同，料理的表現也大不相同。

因緣際會下，我得以拜訪日本各地，並且使用當地的食材，來製作料理。令我感動的是，不論到哪裡去，都能找到稍加琢磨之後更為發亮的原石。

用五感感受那塊土地的空氣。肌理的細、柔軟、香味，是那塊土地喜歡什麼樣味道的指標。

不是把自己做出來的料理強推給那塊土地，而是找出那塊土地所要求的料理，做出來，然後把食譜留在那裡。

1
感受土地的自然、氣候，想像土地的食材大致的味道。

2
了解土地的景觀與歷史，吃那裡的鄉土料理，了解當地自古以來喜愛的味道。

3
去那個地方最熱鬧的店裡，了解現在仍受到歡迎的口味是什麼。

4
去當地的超市，了解當地人現在的飲食習慣。

5
統合蒐集而來的全部資訊。

此時此的這塊土地的特性是什麼，理解什麼是這裡的唯一

這個時代、這個場所，「有這道料理的話就好了」，把腦中浮現出來的料理實際做出來。

留下食譜和大致的味道。

之後，屢屢造訪。

感受土地的空氣，化為料理

●岐阜・飛驒高山的飛驒牛

造訪遠處的飛驒高山。一下車，潮濕厚重的空氣中，山的氣味以及纖細的濕氣，不禁深吸一口氣，有種似曾相識的懷舊感。

在那裡迎接我的是飛驒牛的養牛農家，第三代的辻直司先生。熱衷研究，常與同伴召開研習會，勤於鑽研飛驒牛這個品牌。配合牛的成長，調整飼料成分，觀察每一頭牛的情況，給予最適當的照顧。

出了牛舍之後，車子在山裡移動，突然某個風景浮現眼前。太陽落到山的對面，把天空染成薄紫色，散落在田間的人家，開始準備晚餐，飯灶裡升出的輕煙點點。我想像這裡從以前就有的景像，深山裡的土地才有的這種濕潤的空氣，以及山的氣味，最後用這道料理來表現。

高山市

岐阜縣

帶有山中香氣的飛驒牛牛排　佐以芥末之辣味（照片 4）

（1-2 人份）

- 飛驒牛…200g
- 大蒜…一瓣
- 天然鹽 胡椒…適量

楤芽（連同枝幹）…適量
杉板…當做盤子使用
芥末的莖與葉…100g
天然鹽…4g
熱水…適量
橄欖油…適量

①在牛肉上灑上鹽以及胡椒，在平底鍋裡放橄欖油，煎烤牛肉。
②用油直接炸楤芽，炸好之後灑上鹽。
③將芥末的莖及葉子切碎，放進濾網中。
④燒滾水，把濾網放進沸騰的熱水中約2秒半，接著拿起來，接觸空氣約4秒後，再放進熱水中，重覆三次。
⑤把❹裝進塑膠袋中，搓揉五次之後，讓袋子充滿空氣，並用橡皮筋綁緊袋口，放置約二十分鐘。
⑥打開❺的袋口，放進天然鹽，再搓揉五次，再次讓袋子充滿空氣，用橡皮筋綁緊，放置兩小時，辣味出現後，就完成了。
⑦用烤槍燒烤杉板，產生焦香味之後，把切好的牛排、楤芽、芥末的莖跟葉一起擺盤。

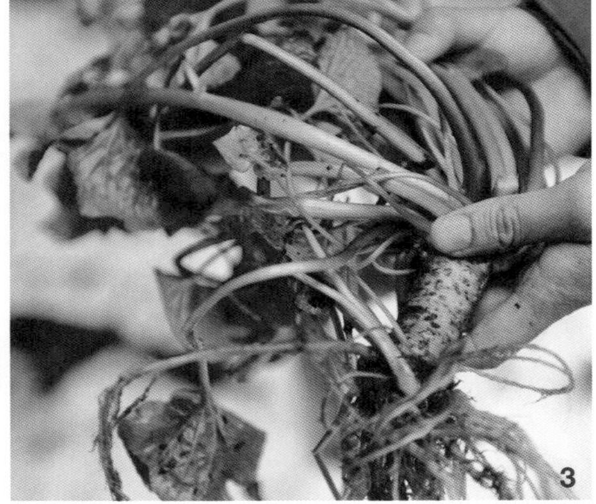

1飄散著酸甜氣味的牛舍。被圈起來的牛隻，表情都很安穩，而且不怕人，一直把鼻子湊過來。仔細看牛的眼睛，澄澈且深邃，可以感受到農家的愛。

2「牛與人一樣都是有個性的，有的牛看起來呆裡呆氣的，也有的牛個性很強烈，唉，跟我一樣的話，就是暴走小子了啊。」眼神像在看自己孩子一樣的辻先生。

3飛驒高山的清流培育出來的芥末。

守護日本的傳統食物

●山形・漬物名人

漬物是日本的傳統食物。自古以來，將一次採收下來的蔬菜，做成漬物，便可長時間食用。甚至在下雪的北國，無法收成蔬菜的冬天，利用漬物來過冬。這是日本從生活的智慧中產生的飲食文化。

如今，物流發達，一年四季都可以吃到新鮮的蔬菜，漬物原本的功能已經結束。但是，藉由鹽的力量，把未經用火調理的蔬菜美味，抽出享用，這種日本人的智慧，說什麼我也不願意讓它結束。

於是就產生了「漬物義大利」這道菜。在漬物含有的乳酸菌的酸味與鹽味中，加入橄欖油，就成了沙拉醬。光這樣就很好吃了。看一下法式沙拉醬的基本材料之後，就能明白這個道理。在料理中巧妙運用漬物，一下子就能做出簡單又好吃的料理了。

山形縣

飯豐町

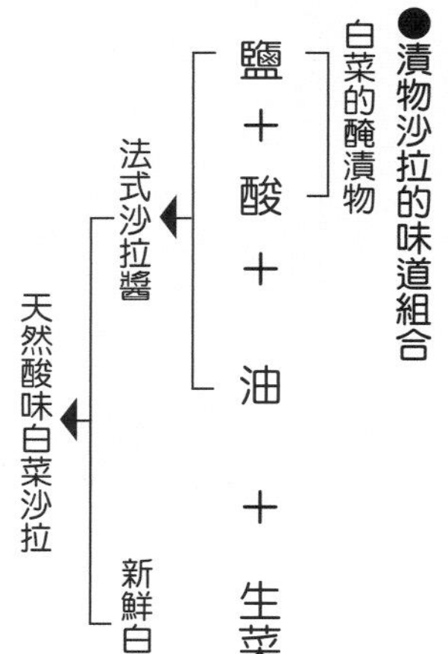

醃白菜沙拉（照片 1）

（1 人份）

白菜漬物…20g

白菜…100g

橄欖油…適量

奧勒岡…適量

①白菜漬物與白菜切細絲並混拌一起。

②淋上橄欖油，並撒上奧勒岡後便完成。白菜漬物的酸味跟檸檬接近，不會太酸，容易入口。

五十嵐女士的黃芥茉醃蘿蔔炒米澤牛（照片 2）

（4 人份）

黃芥茉醃蘿蔔（圓片切成四分之一片）…100g

蘿蔔…100g

米澤牛薄片…200g

天然鹽…適量

胡椒…適量

①鐵弗龍平底鍋內先炒米澤牛，加鹽調味。

②加入蘿蔔，拌炒一下，再加入黃芥茉醃蘿蔔，灑上胡椒，就完成了。

在山形縣飯豐町經營農家民宿的五十嵐京子女士，我最喜歡她的漬物室了。漬物室裡住了一堆好菌，醃出來的漬物，吃再多都不會膩。從勤勉的婆婆那裡習得醃漬的方法，五十嵐女士也繼承了勤勉一事，從她手中做出來的漬物，充滿了愛情。

守護日本的傳統食物

●山形・米澤的鯉魚

米澤的鯉魚是江戶時代，大名上杉鷹山，為了能輕易取得當時頗為貴重的動物性蛋白質，才開始養殖的。與蘋果、米澤牛，並列為米澤三大特產。

近年來，物流交通網發達，隨時都能享用到海裡的魚，鯉魚的需求急速縮減，米澤市內的鯉魚養殖業者也日漸減少，現在僅剩一家。但是，這裡的鯉魚卻是我所吃過，全日本最好吃的鯉魚。守護這鯉魚的產地，也等於是守護了米澤的傳統與風土。

傳統的吃法是能長期保存、一點點就能配很多飯的時代吃法。若要擺在現代人的餐桌上，便必須要找出新的需求才行。在我們的餐桌上保有吃鯉魚的習慣，就能繼續將鯉魚的養殖技術，以及傳統料理，流傳給後代。而為了找出鯉魚的新需求，我設計了適合現代人味覺的料理。

山形縣

米沢市

煙燻鯉魚與茗荷的義大利麵

（4 人份）
燻鯉魚（切成薄片）…80g
烤過並弄散的鯉魚肉…80g
細義大利麵…160g
蒜頭…一瓣
橄欖油…適量
茗荷…2 個
辣椒…適量
天然鹽…適量

①煮義大利麵。
②橄欖油中放入蒜頭後開火，以中火，蒜頭變焦黃色之後，取出，並放入辣椒。
③在❷中放入燻鯉魚與鯉魚肉，再放入一點煮義大利麵的煮麵水，將義大利麵放入。
④加入鹽調味後盛盤，撒上切碎的茗荷，再淋一圈橄欖油。

奧田流鯉魚套餐

①精巢與柚子
②蛋佐義大利鯉魚醬
③蛋與柳橙
④巴沙米可醋漬炸鯉魚
⑤紅燒鯉魚佐鵝肝
⑥鯉魚西西里風生魚片
⑦鯉魚湯
⑧魚下巴佐魚子醬
⑨茄子醃漬液醃鯉魚
⑩煙燻鯉魚與茗荷的義大利麵
⑪鯉魚番茄湯
⑫蒲燒鯉魚與綠胡椒
⑬鯉魚蛋奶油義大利麵
⑭烤鯉魚與青花菜鯷魚風味
⑮135度烤鯉魚骨

1 鯉魚料理專門店「鯉之六十里」的鯉魚料理。從大盤起順時針方向為鯉魚薄切生魚片、魚柴魚片與蘿蔔泥、水洗鯉魚生魚片、鹽烤鯉魚、鯉魚骨、鯉魚卵、烤鯉魚薄片、紅燒鯉魚、鯉魚煮味噌、精巢清湯、糖醋鯉魚。

2「鯉之六十里」的經營者岩倉利憲先生，與家族、員工共十人，從鯉魚養殖到加工販賣，並且經營料亭，提供鯉魚的傳統料理。「我們的鯉魚從池裡現撈，不用吐泥也可以馬上食用。因為我們用的是自己家的地下水。此外，米澤冬天寒冷，所以鯉魚會冬眠，因此成長速度比較慢，日本其他地區的鯉魚兩年便可以出貨，而我們這裡要花三年。」

守護日本的傳統食物

●新潟・妙高的寒造里

寒造里是利用冬天的嚴寒，使辣椒發酵而成的保存食品。據說是十六世紀的戰國武將上杉謙信，為了度過寒中行軍的嚴酷，把鹽跟辣椒磨泥而開始的。本是各農家代代相傳而來的食品，東條邦昭先生的伯父將之商品化。

寒造里的魅力在於，是雪做出來的食品。用鹽醃過的辣椒，在一月的大寒時，鋪在雪地上，接著降下的雪把辣椒覆蓋住，宛如三明治的構造。雪可以吸收掉辣椒的雜味。聽到雪可以讓食物變得更美味，生於雪國的我也雀躍不已。

在海外舉辦料理活動時，我更視寒造里為珍寶。帶有和風氣息的發酵調味料，在義大利料理中，放一點來提味，便能做出前所未見的料理。這是希望流傳給後世的傳統食品之一。

新潟縣

妙高市

煙燻鯉魚與茗荷的義大利麵（照片5）

（2人份）
鰤魚幼魚（生魚片用）…150g
西洋芹…30g
西洋芹葉（切碎）…適量
寒造里…1大匙
橄欖油…1小匙
柚子…適量
天然鹽…適量

①西洋芹切成薄片，用2%的鹽水搓揉。
②鰤魚切成一口大小，柚子擠出汁之後，與橄欖油和寒造里混拌。
③把❶與西洋芹的葉子混拌之後，裝盤，上面放上一片柚子。

章魚拌寒造里與培根（照片6）

（2人份）
馬鈴薯…150g
寒造里…1.5小匙
水煮章魚…80g
培根…60g
橄欖油…適量
蒜頭…1瓣

①平底鍋中倒入橄欖油，用小火加熱，把蒜頭壓碎與培根一起慢炒。
②馬鈴薯煮熟後搗碎，放入寒造里輕輕攪拌。
③在❷裡放入切片章魚，再把❶內連同橄欖油一同倒入拌勻。

1雪的下面全是農地。醃辣椒的鹽全是使用天然的海水鹽，所以那一帶飄散著淡淡的海潮香。
2東條先生說「雪提高了辣椒的糖分，讓辣味變柔和，更讓辣椒的纖維及種子都變得柔軟綿密。
3調和三種辣椒，用鹽醃漬過之後，加入柚子、酒麴、鹽之後，放置三年熟成的寒造里。
4體驗製作寒造里。東條先生的寒造里，辣味跟鹹味、甜味、酸味和美味，取得絕佳的平衡。醱酵過程產生的味道，將所有食材統合起來，味道變得豐盈，還可以消除臭味。

為日本第一的技術與味道爭光

●長野・千曲的杏桃

從江戶時代起，千曲便是有名的杏桃產地，如今生產量為日本第一。其中，種植杏桃四十年以上，論技術，當地無人能出其右的高松義久先生，以農業生產法人身分，同時也從事杏桃的加工製作。

高松先生做的杏果乾，甜中帶酸，更有絕佳的口感。不僅如此，農業技術也相當優異，接枝的成功率達九成。而優異的剪枝技術，杏樹的樹枝向三方均衡伸展，長大的杏樹，一年可以帶來百萬元以上的收入。

高松先生還有一項別人模仿不來的特技。爬上梯子採摘樹枝上的杏桃時，要採相反方向樹木的果實、或是別棵樹的果實時，不用上下移動梯子，而是直接踩在梯子上，直接移到別棵樹，有時還會同時使用兩個梯子。瞠目結舌的特技，不禁為他喝采。

千曲市

長野縣

想成為杏桃的蛋黃（照片 5）

（4 人份）

高松先生的半生杏乾…4 個
杏桃果醬…20g
蛋黃…4
橄欖油…適量
梅醋…1/2 小匙

①把整顆蛋黃放進加熱到65度的橄欖油中，低溫油炸。
②杏桃果醬溶解於梅醋中，塗在❶上。
③與半生杏乾一起裝盤。

想成為蛋黃的杏桃（照片 6）

（4 人份）

高松先生的半生杏乾…4 個
蛋白…4 個分
砂糖…210g
牛乳…1 大匙
香草精…適量
熱水…適量

①將蛋白打發後，加入砂糖，繼續打，直到拉起蛋白霜出現直立尖角狀為止，放入香草精。
②鍋中把水煮開後，倒入牛奶，用湯匙將❶分為四等分，放進鍋子煮，蛋白球浮起來後，熄火，續放五分鐘，等蛋白球完全成形後，再撈起來。
③盤中擺放❷，再將半生杏乾放在最上面。

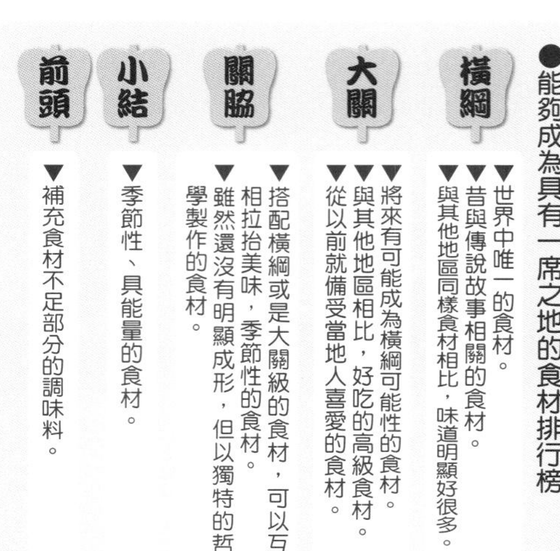

1在樹與樹間轉來轉去的汽油罐，是用來預防霜害的道具。杏樹開花之後，若遇到結霜，便結不出果實，即使到了四月，夜裡仍有結霜的可能，因此工作人員總動員，在汽油罐裡燃燒柴火，一整晚四處滾動汽油罐，預防田地周邊溫度下降。
2高松先生加工製造的杏果乾，柔軟口感佳，酸酸甜甜，絕妙的滋味。
3高松先生接枝成功率高達90%。
4高松先生說，「收成杏桃的最佳時機，是螞蟻準備來吃好吃的杏桃之前。瞄準時機，趕在它們之前收成。」藉著自然的力量，將杏桃的魅力發揮極限，這是職人才有的功力。

食材與生產者決定料理的味道

●岩手・南部的土雞與珠雞

岩手縣是畜牧業相當興盛的地區。養殖各種品種的牛、豬、羊、雞。其中最近相當引起注目的，是在地傳統品種「南部土雞」。西和賀町經營度假飯店的高鷹政明先生就是飼養這種土雞。

拜訪各地的生產者時，我總是會先探詢當地的風土，以及食材的歷史，接著才針對需求來構思菜單。

同在岩手縣的花卷市，也有養殖法國料理不可或缺、原產於非洲的「珠雞」，但這兩種雞，卻帶給我不同的印象。

南部土雞是岩手地區自古以來便存在品種，在日本飲食文化中，雞肉通常用在火鍋料理。在此，我想要帶入新的風味，因此在料理中，加入洋食氣味的西洋菜。

至於珠雞，雖然已被改良為適合法國料理的口味，但是生產者石黑幸一郎先生所養殖的珠雞，又進化成適合這塊土地的味道。尊重石黑先生的心意，從珠雞的飼料得來的靈感，我決定做成和風料理。

岩手縣

花巻市

西和賀町

瀰漫米香的紅黑米燉珠雞湯（照片 1 ）

（ 2 人份）
珠雞翅…4 根
蒜頭…2 瓣
月桂葉…2 片
天然鹽…適量
雞架…一隻分
水…1L
紅米與黑米…100g

①將珠雞翅與切成薄片的蒜頭、以及撕碎的月桂葉混在一起後，撒上鹽，放置一晚，做成生火腿。
②利用雞架來熬高湯，❶的肉洗淨後，放入高湯裡，用小火燉煮，若有浮沫，仔細清除。
③加熱平底鍋，乾煎紅米及黑米，出現焦香味後即熄火。
④在❷裡加入❸，用保鮮膜覆蓋，取另一個大鍋，裡面放熱水，用極小火，隔水加熱二十分鐘。（參考第14頁簡易壓力鍋）
⑤將肉放在器皿中，倒進濾過米粒的湯。米用另外容器盛裝。

到小田島薰的西洋菜田玩耍的南部土雞（照片 6 ）

（ 2 人份）
南部土雞的雞胸肉…100g
小田島薰先生種在山裡的西洋菜…10 株
義大利麵條…240g
蒜頭…1 瓣
月桂葉…2 片
橄欖油…適量
天然鹽…適量
水…適量

①在水中放入4%的鹽，並煮沸。熄火之後放入切片蒜頭以及撕碎的月桂葉，放涼備用。
②把雞胸肉放進❶裡，浸泡兩小時。
③西洋菜切成兩半。
④鹽分3%的熱水中煮義大利麵。
⑤平底鍋中加熱橄欖油，將❷的肉切片，放進鍋中，再加入❹，混拌之後，加入西洋菜的莖，再拌一下之後即可起鍋盛盤。
⑥用西洋菜的花放在最上面裝飾。

2高鷹先生的飯店有自營的農場，養殖南部土雞。
3農場由年輕人管理，他們支撐著高鷹先生守護並傳承根植於土地食材的心願。接下來更要進行肉質的改良。想必料理也會跟著進化吧。
4養殖珠雞的石黑先生吧。
5珠雞的飼料裡，含有自種的米以及當地生產的雜穀。培育出日本人喜好的味道以及香味的雞肉，適合日式、西式各種料理。

多品種少量生產的農家，是餐廳的好伙伴

●岐阜．高山的野村農園

野村農園的野村美也子女士來找我商量，因為她的先生野村正，完全不管能不能賣得出去，一而再地買進蔬菜種子。沒有效率的農業經營方式，美也子女士甚至考慮過離婚，問題相當嚴重。

於是我造訪農園。但野村正把太太的不滿放一邊，「總之，我想要各方面挑戰看看。」他應該也是想多方嘗試，試著找出可以提高營收的蔬菜吧。踏進一年種植一百多種蔬菜的田裡，總之，各種作物種得密密麻麻的。

這種農園，可說是餐廳經營者渴求的對象。如果可以的話，會希望餐廳的附近就有這樣的生產者吧。我在三重縣規劃的餐廳，就使用了野村農園的蔬菜。在那裡擔任料理長的徒弟，後來獨立去高山市開店。有魅力的生產者所在之地，就會有為了他的食材而前往開店的料理人。

高山市

岐阜縣

油炸香魚與綠番茄（照片 5）

（4 人份）
香魚…中型 4 尾
快變紅之前的綠番茄…中型 2 個
茴香…適量
低筋麵粉…適量
冰水…適量
炸油…適量
天然鹽…適量

①香魚切成一口大小，灑上鹽之後，沾一層麵粉，油炸。
②麵粉加入鹽以及冰水攪拌，做成麵衣。將番茄切成一公分厚片，沾上麵衣後下鍋油炸。
③茴香沾水後，撒上麵粉，油炸之後，與❶及❷裝盤。

讓野村農園和好的香魚（照片 6）

（4 人份）
鹽烤香魚…4 尾
西瓜…半個
甜瓜…1 個
小黃瓜…2 根
迷你黃瓜…20 個
甜羅勒…適量
核桃…適量

①將西瓜、小黃瓜以及甜瓜切成一口大小。
②把鹽烤香魚放在❶上。
③撒上迷你黃瓜、甜羅勒以及核桃。
因為阿正種了這麼多種瓜類，才做得出這道料理。

1野村農園堅不使用農藥以及化學肥料，利用微生物改良土質。
2走在田中，不斷冒出各種蔬菜，同一塊土地長出來的蔬果，放在同一籃中，非常調和。
3長一公分的迷你黃瓜。咬一口，散發青綠的瓜果香。
4棲息在河底的香魚，吃苔蘚為生，所以魚肉散發瓜果類的香味，與瓜果類的蔬菜相當合。美也子女士在電話中說，「因為奧田主廚的料理，讓阿正覺得很開心，竟然又播了一倍多的香草種子，真是傷腦筋。」我本來是為了解決問題才前往農園的呀……。

聲援三陸的漁業

●宮城・南三陸的牡蠣

為了三一一大地震之後力求復興的三陸漁業，身為料理人，也想奉獻自己的力量，因此，前去與發起南三陸町牡蠣養殖漁業漁會的工藤忠清先生見面。

從海嘯過後一個月，第一次出海探查海中狀況時，我就開始參與。一年後，工藤先生等人就領先眾人，在志津川灣重新養殖牡蠣。

拜訪養殖場時，漁民們費心養殖牡蠣的情景一直縈繞在心。

我一直思考，能夠為這裡做些什麼以及如何提高需求，同時也提高商品的附加價值。一次也好，希望各位的餐桌上，能夠多多出現牡蠣，為此我提出了新的料理。

南三陸町

宮城縣

牡蠣濃湯（照片 3）

（ 4 人份）
牡蠣…5 個
培根…30g
蒜頭…1/2 瓣
長葱的白色部分…2 根分
白酒…8cc
仙台味噌…12g
仙台麩…3 公分
天然鹽…適量
鮮奶油…15cc
橄欖油…20cc
水…200cc

①中放入橄欖油，用小火加熱後，加入蒜頭，讓香味移到油中。
②切碎的培根與葱也放進鍋內，加鹽調味。
③長葱變透明後，加入白酒與仙白味噌。
④把牡蠣加入❸裡，煮熟之後，連同汁液，用調理機器打成汁。
⑤將❹倒入碗中，淋上鮮奶油，再將仙台麩放在湯上面。

劃時代的烤牡蠣（照片 6）

（ 4 人份）
牡蠣…4 個
長葱的綠色部分…6 根分
仙台麩…5 公分
天然鹽…適量

①將長葱放在烤網上，烤到成焦炭狀態。
②將❶與切碎的仙台麩用調理機器，打成粉狀。
③把❷放在平底鍋中乾煎，撒上鹽調味。
④在烤網上快速烤過牡蠣，充分裹上❸後，即完成。

以固有的食材，來創作新料理時，「使用海外的調味料」、「使用海外的高級食材」等，但主要的目的仍是以當地的食材為主角，但調味時，以全球化為視野，利用世界各地的調味料。

1在船上作業的工藤先生。每天都在寒風吹拂的海上，把附著在牡蠣上的貽貝，一一去除。夏天時把牡蠣泡在熱水中，用心守護牡蠣。

2同樣養殖年數的牡蠣，被貽貝包圍的話，會因為缺氧以及營養不足，像右邊一樣，明顯瘦小很多。因此，養殖牡蠣必須用手工細心作業。

4南三陸漁業生產組合的大家。

5工藤先生的兒子廣樹也是其中一人。年輕一輩投入飲食相關行業的身影，看了令人感到安心。

聲援三陸的漁業

●宮城・氣仙沼的魚翅

與三陸地區的漁業工作者的交流，是促使我重新審視飲食起點的原因。在氣仙沼從事魚翅製作的石渡久師先生，也是其中一人。在海嘯中失去工廠，但他在震災後十天，就決定重新來過。

魚翅的原料雖在全世界各地都可以取得，但因為加工技術的關係，魚翅都集中到氣仙沼來，之後再輸出到全世界。不過，這項材料因為過於特殊，料理的型態也很固定，當地人反而不太食用。

仔細的手工以及重覆研究開發出的溫度管理技術，石渡先生加工製造的魚翅，不僅美麗，在世界市場中，屬於一流品質的食材。所以首先希望在地人都能吃過並了解這項食材。接著，也希望全球市場能產生新的需求，以此來構思新的料理。在與石渡先生一起參與針對外國人的活動中，擴大國外的販賣管道。

氣仙沼市

●高次元食材的法則。
▼能與任何食材搭配。
▼不同組合得出不同的味道。
▼放入口中的瞬間，香味源源不絕。
▼獨特的口感。

糖醋醬醃魚翅（照片 2）

（4 人份）
魚翅（泡過水還原）…小 4 個
醃蕗蕎的清汁…130cc
※ 沒有時，將以下材料混合
米醋…100cc
細砂糖…30g
薑…2g

將魚翅泡在醃漬汁液中一晚。

魚翅的炸魚薯條版本（照片 3）

（4 人份）
魚翅軟骨（乾燥）…40g
魚翅（泡水還原）…150g
玄米油…適量
米粉…適量
天然鹽…適量
醃漬液
白酒醋…100cc
細砂糖…30g
薑…2g

①將魚翅泡在醃漬液中一晚。
②用170度油溫，炸魚翅軟骨。炸出金黃色後，撈起，灑上鹽。
③用廚房紙巾仔細去除①魚翅的水分，灑上米粉，用190油溫炸約10~12秒，只炸麵衣部分。（超過這時間，魚翅的膠質會過熱而溶解）
④放在鯊魚皮上，並灑上鹽。

1鯊魚有背鰭、尾鰭、胸鰭等八種魚翅，清除各個部位軟骨的方法全都不一樣，只能靠手工一個個仔細清除。小魚翅因為不需要花太多準備時間，料理的使用範圍廣，我認為很方便利用。
4姿態優美的魚翅軟骨。
5向中國的客人展示新的魚翅料理，盛況空前。也得到了香港的訂單。

用飲食來活化地域，起點是料理教室

●北海道・木古內

利用飲食活化地域，一般先想到的都是該如何對外宣傳。但其實最先要做的是——取得在地人的理解。我在推動美食之都庄內的活動時，一開始著力最深的，就是以地方主婦們為對象的料理教室。

令人意外的是，當地人對於這些習以為常的食材，通常不太關心，料理的方法也只知道一種。

料理教室的目的是，當地生產的美味食材，用與平常不一樣的角度、重新發現這些食材的魅力。正因為是在地方人深愛的食材，才會讓外地的人也愛上。

木古內町因為新幹線的車站即將開通，正摸索有什麼方法，能帶來更多的客人。這個地域的海產，有不輸他人的自信。所以召集漁師以及農家的太太們，展現地方食材的新吃法。

多次活動下來，主婦以外的參加者也變多，更產生了的新的做法，前所未有的「新的團隊」正在萌芽。

北海道

木古內町

木古內的海膽與明井農園的南瓜沙拉（照片２）

（４人份）
海膽…4 個
南瓜泥…150g
水果醋…適量
青花菜苗…適量
天然鹽…適量

①挖開海膽殼，取出海膽，再將可食用部分放回殼內。
②放上南瓜泥，為了引出甜味，灑一點點鹽，再灑上水果醋，最後用青花菜苗裝飾即可。

醋醃沙丁魚與紅藻（海藻）（照片４）

（４人份）
沙丁魚…4 尾
紅藻（乾燥）…10g
紅洋葱…20g
雪莉酒醋…1 小匙
蜂蜜…1/2
橄欖油…適量
天然鹽…適量

①將沙丁魚片成魚片，魚片兩面各撒上鹽。
②將紅藻泡水還原，擰乾水分後，與雪莉酒醋及蜂密攪拌。
③盤子上先放❶沙丁魚，再放上❷的紅藻，最後將紅洋葱切片撒在上面。
④從上面灑鹽以及橄欖油。

1第一次造訪的土地，我一定會前往港口，跟當地漁師聊天。除了海鮮，更為了了解這塊土地的氣質、地域有什麼需求。
2海膽與明井農園的南瓜沙拉。因為有比水果糖度更高的南瓜，才做得出僅屬於此地的料理。（參照62頁）
3首先就是要讓地方的主婦們，把當地的食材端上自家的餐桌。
5研究道南的海藻的吉川誠先生。我也邀請他來參加料理教室，做為下次一起舉辦活動的準備。

與地方中小企業合作

●靜岡・濱松　用雷射光調理食材

靜岡縣

濱松市

到各地去使用當地食材舉辦活動時，套餐料理的主菜所使用的肉類，大多數都是當地的和牛。

但是和牛的原價過高，即使想幫主辦單位提高收入，也很難辦到。當地只有和牛，但預算有限，陷入兩難。

寒冷的季節，可以選擇牛腱肉等低價部位的燉煮料理，但也不能一整年都出這道料理。

在這種情況下，我認識了濱松市機械公司的社長武田信秀先生。

武田先生製造販賣使用雷射光的機器。我在想，是否能利用雷射光來進行調理。

我是料理人，雖然會料理，但料理以外的事情就不行了。

所以，這種時候就要與其他領域專家來討論。提出創意，互相激盪產生的化學變化，產生了前所未有的機器。

開發雷射光調理法

我提出的要求是，利用雷射光，只照射牛腱的牛筋部分，並與武田先生立刻著手開發。試作出來的機器，雷射光只照射牛筋部分，讓脂肪滲入肉裡，牛筋的膠質漸漸產生變化。用平底鍋稍微煎一下，牛筋的部分，就變得跟燉煮後一樣的軟嫩美味。

成功利用雷射光調理

跟牛里肌肉相比，牛腱肉的價格約只有十分之一。利用雷射光調理，將牛筋變成牛排，得以產生新的需求，對生產者而言是個好消息。價格便宜，消費者可以輕易享用和牛，進貨價格低，餐廳也能夠放進套餐的菜單裡，可以說是三方得利。武田先生針對安全面加以改良之後，現在我的店裡也實際使用這台機器。不同業界的合作，開發出新的需求。

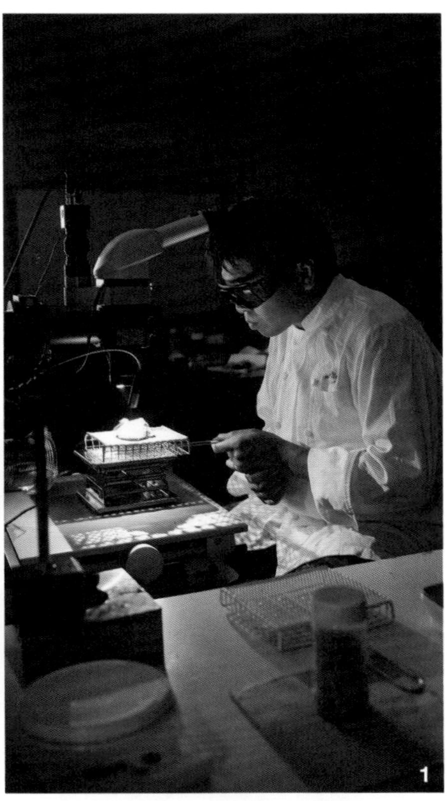

1立刻使用試作機器來實驗。一開始用魚骨來測試，結果魚骨周邊完全被烤成焦黑，失敗告終。
2協助開發的濱松市大建產業的武田信秀先生。公司主要從事鐵材的熔解、組合，以及製造使用雷射光的精密機器等。
3用牛腱肉來實驗。
4只照射牛筋部分成功。
5我的店裡實際使用的機器，取名「阿爾卡契諾筋」（＝筋不見了～）。
6用雷射光照射牛筋部分的牛腱牛排。牛腱是牛最常動作的部分，肉質的美味不在話下。而牛筋烤過後，擴散出來的美味，形成了更好吃的牛腱牛排。

香料烤鰻魚與蒲燒茄子（靜岡 濱松）

苦瓜與海葡萄與紅目鰱（沖繩）

米蘭風燉鰤魚（新潟 佐渡）

貽貝與茄子的海味湯（新潟 佐渡）

給捕烏賊船長的烏賊料理
（北海道 瀨棚）

馬鈴薯蝴蝶結（北海道 十勝）

高山的茄子醃漬液醃河豚（岐阜）

水戶納豆與茨城的馬鞭角（茨城）

香魚膽與茴香花（岐阜）

秋刀魚夾氣仙沼的大島蕪菁（宮城）

藻屑蟹卵的卡魯波那拉義大利麵（島根）

宮崎芒果與宮崎龍蝦（宮崎）

大鳴子百合與珠雞白肝（岩手）

蠕紋裸胸鯙與白菜燉飯（高知）

磯崎兄弟的海鞘南部潛水風
（岩手 種市）

美生菜家族（長野）

第5章
開發地方「熱賣商品」的戰略

解讀時代的風向，
找出必須守護的滋味，
再加以變化，
窮究能刺激時代的味道
創造出時代尋求的美味。

只是，
務必讓身體五感品嘗到狂喜的美味，
讓這種體驗凌駕一切。

日本六級產業化成功的關鍵

日本各地正熱烈進行著六級產業化◎活動。

這是為推動農林水產業活性化的國家政策，有完善的補助金制度，已有非常多一級產業從業者投入，一同尋找農業新方向。

用汗水培育出的作物，加上創意後再進行加工、販賣，已有多個成功事例。但也有些做出來了，卻賣不出去的例子。或是賣得好，但無法定期、定量提供商品，而被通路拒絕的例子。

不熟悉商品製造以及流通的生產者，想必非常辛苦，我也希望能有幫得上忙的地方。

在此，我整理了幾個在參與過程中發現的要點以及成功的例子。

從事六級產業化活動時，一定要注意到的一點，得先想好「出口」，再來思考商品。這是最基本的事。

來找我討論商品開發案時，最困擾的，就是不知道出口，也不明白自己目的的人。

生產者或是事業單位來找我時，都會說「只要是奧田主廚的創意做出來的商品，什麼都好。」

製造商品的目的是什麼，商品要展現什麼樣的形象，遇到什麼困難、接下來要怎麼做？

「面對誰、為了誰、要做出什麼料理（加工品）？」，連這些基本問題都不清楚的話，模糊的商品企圖，消費者也不會想要買。

完全沒有想好出口就發動車子，好不容易做出來的商品賣不掉，商品的消費期限逼近，只好全部廢棄，賠錢之餘，最後只剩下負債的惡性循環。

不論何種商品，我都會先想好，要在哪裡販售、要賣給誰、如何販售、決定販售數量，之後才開始開發。

做好上述準備之後，才開始購入道具、食材等材料。

接受商品開發的諮詢時，我也會慎重判斷，這項開發有無勝算。

關於食材的品質、販售對象，會實際見過所有相關人員，不足之處給予建議，大家一起進行。

在商品化之前，若是食材力道不夠、或是當事者的團隊合作出現混亂，就算我一個人再努力，也成不了事。

把商品開發的事全部丟到我這裡來，只等著結果，這是最不好的情況。雖然也有過這種例子，但都維持不了多久就消失無蹤。

所有參與的人，都各自發揮自己應有的功能，這才是最重要的。

大概在看得見八成左右的出口時，就要發動車子。這樣一來，大家才會同心協力。過於慎重的話，反而錯失先機。

我希望各位生產者都能善用這項制度，挑戰新的農業型態，找到增加收入的方法。

所以，以下將介紹幾個重點。

◎譯註：六級產業化原名「六次產業化」，原是東大農經濟學者今村奈良臣提出的農業多角經營新形態。日本農林水產省於二〇一〇年公布「六級產業化法」並於隔年開始實施，旨在促進農林水業的生產、加工、販售一體化，從而促進地方創生及活化。

產生新料理的能力

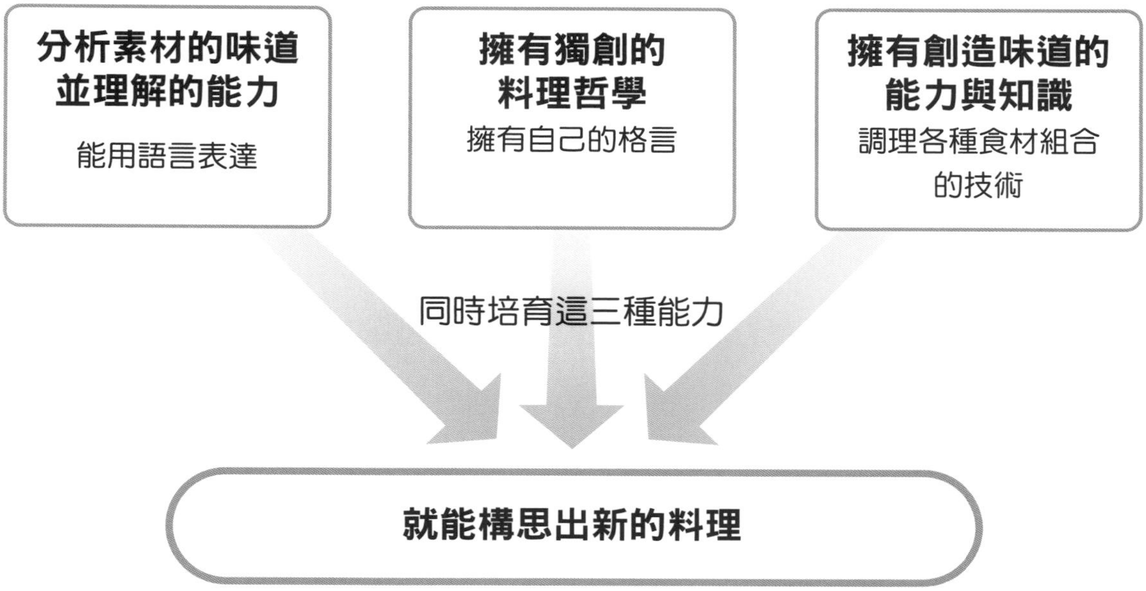

分析素材的味道並理解的能力
能用語言表達

擁有獨創的料理哲學
擁有自己的格言

擁有創造味道的能力與知識
調理各種食材組合的技術

同時培育這三種能力

就能構思出新的料理

感受時代的變化，改變調味的方式

不景氣	回想起美好時代的調味	布丁、焦糖、雞蛋 草莓蛋糕
孤獨	令人懷念的媽媽的味道	蛋包飯、味噌湯、牛奶 咖哩飯、定食屋
不安	讓人感到滿足、味道強烈的口味	重口味 災害之後流行中華料理
經濟成長期	工作繁忙快速解決一餐 經營者賺大錢後追求高級食材	丼飯類、蕎麥麵 高級餐廳流行
好景氣	想嘗試新的味道	罕見食材 美食熱潮
成長期之後	拒絕競爭，追求療癒的食材	香草 味道清淡健康概念
生活安定	追求身體健康 追求年輕	有機食材 淨化身體的食物

賣不出去的商品需要新的使命

誰都想做出熱賣的商品。但是並不見得都能如願，因此會煩惱。

年輕時，我也有很多這種煩惱。從失敗中多方面嘗試，我發現了想要成功，有幾項關鍵。

基本上，食材的加工品，若能具有時代的使命，客人就會掏錢出來購買。

相反的，與時代脫節的話，再怎樣也賣不好。

以草莓果醬為例，以往的時代，草莓果醬具有「在非草莓的產季，滿足想吃草莓的心情」的使命。

但現在，品種改良以及流通技術的進步，幾乎整年都可以買到新鮮的草莓。

所以想吃就能吃到的草莓，不再是季節限定的水果，想念草莓的客人，也比以前少很多。

所以，身為保存食物的草莓果醬，任務宣告結束。

但是，在六級產業化浪潮中，各地仍有很多草莓果醬的新產品被開發出來，市場呈現飽和狀態。

這種時候，就需要賦予草莓果醬新的使命。

如果是我的話，會研發草莓牛奶果醬配餅乾、草莓果醬混芭樂汁等等，以新的魅力、奇特的味道，來吸引客人的注意。

或是製作超高級的果醬。比如說用現在最受歡迎的草莓品種甘王，主打百分之百純草莓，且不使用砂糖諸如此類。

六級產業化成功的五個條件

第一條…商品開發時一定要有當地料理人參與

對生產者以及經驗尚淺的事業者而言，食品的加工品相當困難。料理人經常與味道奮戰。當然並非全知全能，但是可以一起討論，請不用客氣，盡量找當地料理人商量。

第二條…商品開發，不一定要在加工廠

把料理人也找進來時，不需要一開始就到加工廠去。

試作時的最佳場所，是在料理人的餐廳廚房裡。有自己慣用的調味料、習慣的廚房道具，這才是創造新味道的最佳場所。

因為自由度高，所以腦裡想到的點子，可以立即試做，剩下的食材可以先冰在冰箱，接下來若再想到別的點子，又可以馬上嘗試。

第三條…料理人不需被加工一事影響

接受商品開發委託的料理人，只要發揮料理人的專業即可。

做兩人份的料理，跟做兩百人的料理，調理工程完全不同。如果一開始就要想兩百人料理的做法，會被加工廠的做法給制約，便無法發揮想像力。

首先，發揮眼前的食材，專注於一盤上，至於大量製造的計畫等等，就留待下個階段。

販賣場所鎖定高級百貨公司的地下街，或是產地直營的禮品區。食用方法則是搭配新鮮起士、塗在香草冰淇淋上，或是與鮮奶油一起搭配鬆餅食用，幫顧客想出塗在土司麵包以外的各種享用方法。

「一次也好，真想吃吃看」、甚至是「太好吃了，還想再吃」，誘發了這些感想之後，草莓果醬便有了「能滿足追求高級水果口味客人的嗜好品」的新使命了。

另一個商品賣不出去的原因是，找不到消費該商品的時機。

來找我商量的是賣不出去的草莓氣泡酒。

帶有甜味、爽快感，屬於好喝的酒。但是因為甜，所以與食物不太搭。也無法一次喝很多，所以很難找到適當的飲用時機。

於是我建議，不需做成一次可倒出七杯的瓶裝，而是適合兩人可以一次喝完的小瓶裝。

接下來，也建議喝這種酒的時機。像是套餐料理的前菜，用草莓氣泡酒來搭配鵝肝可樂餅，或是在想用甜點時，用草莓氣泡酒搭配柔順綿滑的蜂蜜蛋糕。

也就是說，製造商品的人，也要向買的人提議「為什麼而買」。不這樣做，商品是賣不出去的。

商品開發之際、開發銷售管道時，要事先想好，要如何享用這項商品，要什麼宣傳文案來推銷。做不到的話，商品便賣不出去，只剩下欠款。若是能想出好的文案，就能把產品賣出去。

第四條：相關成員都必須都要提出意見

商品製作交給料理人，不需交由加工業者，但是生產者以及其他相關成員，必須要積極提供意見以及想法。想到什麼，不用客氣，立即說出來。但相對的，如果覺得行不通時，也得提出改善意見。

有著共同的目標，大家集思廣益。因為這樣，團隊關係更緊密，更會珍惜，會更珍惜商品，做出好的成績。

集結眾人的心意而做出來的商品，一定能成為受歡迎的商品的。

第五條：常保柔軟的想法

創造新商品，最重要的是常保頭腦的柔軟性。在此介紹我的作法。首先，去高級餐廳的自助餐以及居酒屋。盡可能去食材以及菜單類別豐富的店。

接下來，把各種料理及食材一起擺在桌上，平常不會一起吃的食材組合，試著吃吃看，感覺就像一人的料理秀。

譬如說，從自助餐的和食區拿來的鹽烤鮭魚，跟洋食的甜點區拿來的葡萄柚，把這兩種食物一起吃下去，葡萄柚變身沙拉醬汁，變得好像吃鮭魚沙拉，接著再想像橄欖油和香草的味道，一道新料理就幾乎成形。

成功一次之後，接著就可以試試青光魚類的鹽烤鯖魚，以及同是綠色的奇異果，一個接一個試下去。

去除自己的既有定見，是開發成功商品的捷徑。

把賣不掉的商品賣出去的對策

①重新檢視食材的品質

抱有「挑戰做出最美味的番茄，並將之商品化」的想法。

提高原料食材的品質，更能做出有魅力的商品。

②提出消費該項商品的時機

草莓酒、猿梨酒等，該在什麼時機飲用呢？像這樣的商品，乾脆就把它們當做新商品的原料來使用。

例如利用草莓酒來做調酒，不是合成香料，而是真正草莓的風味，做成富有魅力且高價值的調酒。

把猿梨酒拿來做蛋糕的話如何呢？猿梨沒辦法用吉利丁凝固，所以很難運用在糕點製作上，但如果是猿梨酒的話，就沒有這方面的問題。還有其他可以個別化的商品。

③開發出不同排列組合的珍奇味道

創作出誰都不曾吃過的味道。

前所未聞的食材組合的料理、

受生產者所託，將「賣不出去商品」變成「熱賣商品」的例子

有番茄的番茄醬

只用當地產的番茄做成的番茄醬

★成功的要因

▽名字很有趣，聽過一次就很難忘記

▽日常會使用的東西

▽活用美味卻打算丟棄的番茄

出口↓農產直賣店、超市

有綠·茶

世界綠茶評選最高金賞

味道近似烏龍茶，綠茶茶葉發酵之後抽出的茶液

★成功的要因

▽聽過一次就很難忘記的名字

▽健康茶的時代使命

▽無農藥栽培的附加價值

▽與市場已達飽和的烏龍茶分庭抗禮

出口↓烤肉店、麵包店

山葡萄醬

用山葡萄做的濃厚甘醇醬汁

★成功的要因

▽將賣不出去的山葡萄汁，改變成具市場需求的商品

▽高雅的味道，提升料理的層次

▽自國外進口的山葡萄數量不多，國產品希少且價值高

出口↓餐飲店，尤其是餐廳以及高級咖啡店、酒吧等

感恩之味

在地特產國大賞審查員特別賞

FOOD ACTION NIPPON AWARD 審查委員特別賞

鰹魚骨真空加熱的保存食品

★成功的要因

▽骨頭全都可以吃下去的驚喜

▽魚肉最好吃的部位就是骨頭周邊的肉＝變身為無敵美味的高級食材

▽將原本要丟棄的骨頭加以活用

出口↓餐飲店，尤其是餐廳

光看照片想像不出是何種味道的料理，刺激消費者產生一次也好，想吃吃看的欲望。

但是容量盡量少一點，提高希有性。

④取一個可愛的名字

取一個讓人一聽便難忘的名字。

重點是要取一個有趣的名字。如果這名字帶有故事性，更容易讓人留下深刻印象。像阿爾卡契諾這名字就是從鶴岡的方言「還有喔」而來的。

取一個讓人容易記得的名字，方法如下。

▽最初的文字使用a段行母音，或是氣音「pa pi pu pe po」的音

▽最後的文字使用o段行母音。

▽中間放入氣鼻音「pa pi pu pe po n」

▽三段式韻律

「san fran cisco」「pan pu kin」「san dan dero」。

觀察餐廳就可以知道接下來會流行什麼

「義大飯」

以前曾經很流行這個詞。在義大利料理的餐廳裡用餐，曾經是流行的象徵。

所以，拿坡里風的比薩大流行，蛋糕店也都會擺出提拉米蘇，到處都開了義式冰淇淋專賣店。

高級的義大利進口車成了約會時最憧憬的車子，拿著義大利名牌包的女性，被視為走在流行尖端。

媒體年年大幅報導米蘭時裝週以及威尼斯影展，之後就是咖啡店大流行。

深入觀察餐廳中在流行什麼，就能預測出下個流行的走向。

和食被登錄為世界無形文化遺產，京都連續兩年被選為最受歡迎的觀光城市。全世界的日本料理餐廳持續增加，接下來還要舉辦東京奧運，可以想見，未來將是日本酒以及日本蔬菜風行的年代，日本的飲食文化將會更滲透進世界的各角落。

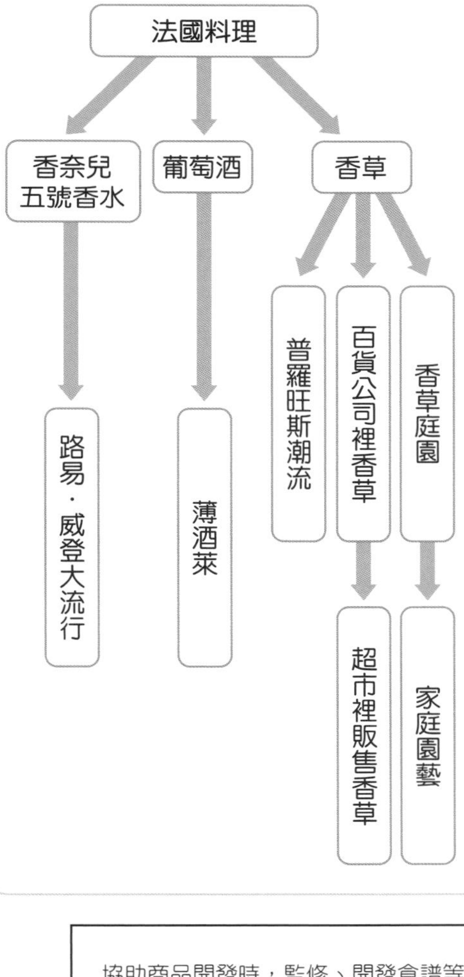

協助商品開發時，監修、開發食譜等部分，我完全沒有收費。但取而代之的是，做出來的加工品，可以讓我用較低價格進貨。這種方式，有三個好處：

①因為是自己的食譜做出來的成品，所以在舉辦大型活動時，可以用在自己的料理中。

②對生產者而言，比較容易開口，而且因為有利害關係，合作關係也會比較緊密。

③進貨價格較其他店便宜，客人也有好處。

日本酒才是足以成為世界標準的酒類

現在，葡萄酒是全世界的標準酒。

與葡萄酒相比，日本酒並不是那麼普遍，但其實，日本酒的味道比葡萄酒豐富，也更容易與其他料理搭配。

日本酒本身的味道就擁有好幾個方向。光是和食，就有甘味、酸味、重鹹的塩辛味、淡味、濃厚味等好幾個方向。但不論是什麼食材、味道的濃淡，日本酒都能配合得很好。

尤其是用了油脂的魚類西洋料理、或是魚類中華料理，日本酒都很適合。因為，日本酒含有一種與貝類相同美味成分的「琥珀酸」。此外，與醱酵食品的起士料理也非常的合。

日本酒與料理搭配得宜的話，與料理能有加乘的效果，大幅提高美味程度。

此外，日本酒可以加熱也可以冷藏，可以享受各種溫度的變化。純米吟釀是冷酒，很多店所供應的溫熱日本酒，都是使用本釀造酒，但這實在太可惜了。不論是純米酒或是本釀造酒，都可以在各種溫度下嘗試不同的味道，享受日本酒的範圍可以更大。

可以說，日本酒是好球帶範圍很大的酒。足以成為全世界人在選擇佐餐酒時的標準酒。

帶有極大可能性的日本酒，就是日本全國各地都有的「地酒」。

同樣都是米做成的酒，但各地方的日本酒，味道都完全不同。

在各位的土地上，能夠彰顯獨特地域飲食文化特色的，就是地酒了。

請一定要將地酒與在食材相結結合，充分發揮地酒的特色，重新發現豐富的土地飲食文化。

活用日本酒的方法

選擇味道密度比料理密度更大一點的日本酒，才能享受日本酒的美味

日本酒味道的密度

料理的密度

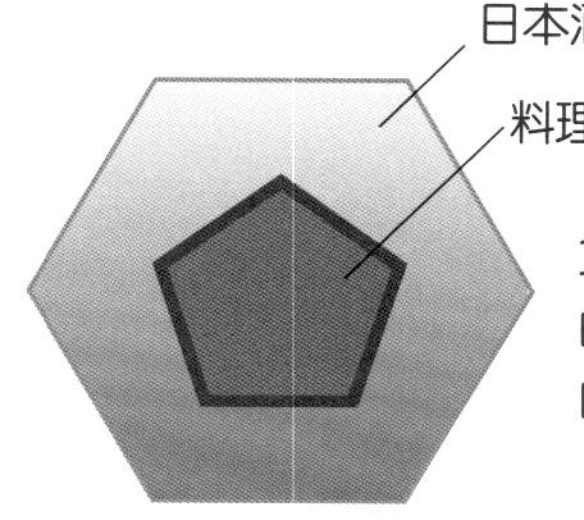

食用單純的料理，藉由日本酒的力量，在口中完成這道料理

酒蒸蛤蜊
燙熟的鱈魚上灑上橄欖油以及鹽
鹽烤豬肉
燙煮馬鈴薯灑上鹽

以日本酒與和食搭配的思考為前提，參考和食有的味道

與和食調味料同系統的味道
用洋食食材做出嶄新的演出

醬油…黑橄欖
昆布…番茄乾
柴魚…醍魚
味噌…起士

豆腐加柴魚片…豆腐加醍魚
烤魚淋醬油…烤魚淋黑橄欖油
西京味噌烤魚◎…先將起士溶於水，再用起士水來醃魚，之後再烤熟食用

◎譯註：西京味噌指的是京都及關西地方食用的甜黃色的甜味味噌，原本是味噌公司名稱，現也泛指一般的白味噌。西京燒則是指以西京味噌為基底的味噌醬來醃漬食材，再燒烤食用。

日本酒與套餐的搭配方法

	洋　酒	日本酒
開始	香檳・啤酒 氣泡帶給喉嚨及胃刺激	講究的話就用煎茶 淨化口腔
生魚	白酒 中和油脂・消除臭味	冷酒 與生魚片或貝類的琥珀酸相調和
溫熱魚	白酒 與食材同化，香氣擴散	特別純米酒的溫酒燗
白肉 雞肉 雞心 雞肝 仔羊	白酒 非常合	
紅肉	紅酒 與帶乳酸香氣的葡萄酒很合	古酒 濃厚的味道可以消除動物的腥味
甜點	甜點酒	古　酒 古酒中的焦糖香味 跟甜點很合

溫度	糖度	
47℃以上	高	糖度高
40℃		糖度 慢慢降低
35℃		酸味 自然顯現
30℃	低	恰到好處的 酸味與甜味

體驗壓倒性美味萌發的瞬間

日本酒的最大特徵在於，不同溫度，呈現不同的味道。

也就是說，用日本酒來搭配料理時，只要一瓶日本酒，就可以運用溫度的變化，與多種料理配合。

如下圖的表格所示，溫熱後的日本酒（燗），一開始會感受到強烈的甘味，但冷卻之後，會浮現酸味。

因此，選擇適合各種溫度的食材，一起上桌，定能品出更為美味的日本酒和料理。

有個方法，可以簡單體驗到溫度變化的美味。

依照這個溫度變化，依以下的順序食用壽司的話，就像在品味高級套餐一般。

這方法也能成為訓練味覺的方法。找不到商品開發新靈感時，可以試試看這個方法。即使是迴轉壽司，也能得到滿意的效果。

日本酒開啟了味覺的神奇世界的大門。

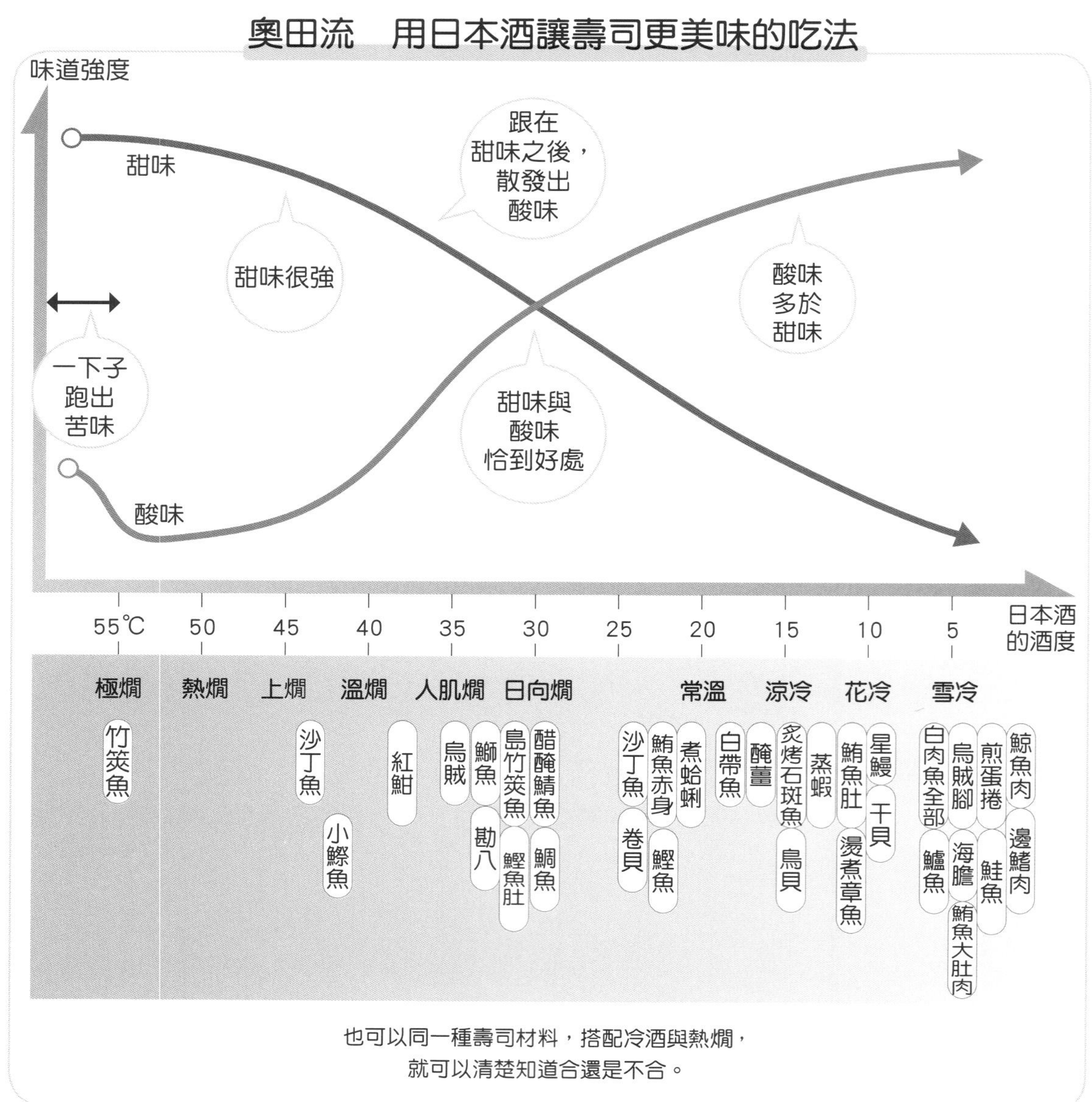

也可以同一種壽司材料，搭配冷酒與熱燗，
就可以清楚知道合還是不合。

日本酒的溫度與壽司食材味道的關連

55℃
竹筴魚 日本酒的苦味與竹筴魚的苦味很合，帶出美味。

50℃

45℃
醋醃沙丁魚 日本酒的甜味搭配沙丁魚的苦味，可以感受沙丁魚油脂逐漸融化。
醋醃小鰶魚 醋的味道更圓潤，形成多層次的味道。

40℃
紅魽 溫熱的日本酒，讓良質的魚油美味昇華。

35℃
烏賊 強調烏賊的甜味。
鰤魚（台灣俗名青魽） 魚脂融解的美味！稍後擴散出甜味。
島竹筴魚 在口中一致。 鰹魚肚 脂肪在口中瞬間溶化。

30℃
醋醃鯖魚 強調酸味以及甜味。 鯛魚 引出高雅透明而有餘韻的味道。

25℃
沙丁魚生魚片 卷貝 引出甜味，醋飯化開得恰到好處。
鮪魚赤身 剛剛好的酸味與甜味。
鰹魚 酸味與酸味合奏。
煮蛤蜊 口中散出甜味。

20℃
白帶魚 魚腥味不見了。
鯡魚卵 不同溫度味道也不同。溫燗能強調苦味．搭配冷酒時酸味較強。
醃薑 清口。

15℃
炙烤石斑魚 突顯焦香味，祛除雜味。
鳥貝 貝肉更柔軟，甜味與苦味平衡。
蒸蝦子 在蝦子的甜味上增添酸味，更清爽的味道。

10℃
鮪魚肚 日本酒的酸味中和魚肚的甜味。 燙煮章魚 章魚的甜味跟酸味很合。
星鰻 濃醇與酸味結合，變得不膩更清爽。
干貝 加上酸味，味道更豐滿。
白肉魚全部 6度c是最佳溫度 鱸魚 就像清洗過般，完全沒有土味。（溫酒的話會產生反效果）

5℃
烏賊腳 酸味會使甜味更立體（溫酒的話反而會引出臭味）。
海膽 酸味與海膽的甜味搭配變得更美味。 大鮪魚肚 酸味更立體，有助溶解脂肪。
煎蛋捲 酸味把味道提升出來。 鮭魚 酸味把魚腥味消除了。
鯨魚肉 受到鐵質，非常好吃。 邊鰭肉 感受脂肪的美味。

選擇溫酒器具的方法

酒精容易揮發

○ ×

溫熱日本酒時，要選擇瓶口較細的容器。酒精能讓口中料理的味道更加豐滿，並且產生醇厚感，所以盡可能留下較多的酒精。瓶口太寬的話，酒精容易揮發掉。

採用這種吃法時，不要沾醬油。把壽司的魚肉部分放在舌頭上，壽司在口中咀嚼五次，日本酒一口約一小匙的量分次送進口中。

※壽司食材的鮮度與日本酒的味道，會產生不同的變化。

分析日本酒的味道，找出適合的料理

實際體驗了日本酒味道範圍之大後，接著就是用數字，找出日本酒與料理的最佳組合。將日本酒的味道數字化，再找出最適合料理的要素，然後再藉此找出符合的料理。

用數字表示之後，就不用再「跟這個好像會合」這種矇矓的猜測，而是「想要有這種程度的濃醇度」、「需要這麼多油分」等等，明確地知道，料理需要具有那要素。

如此一來，就能找出最強的日本酒與料理的組合了。

味覺是味道的記憶力。

要將味道數字化，一開始可能有點困難，但是多做幾次之後，就能找出自己的基準。

確定味覺的標準之後，設計出來的味道，就有可能成為支持地方經濟的商品，或是讓客人願意從遠方前來品嘗的一道料理了。

分析日本酒的味道

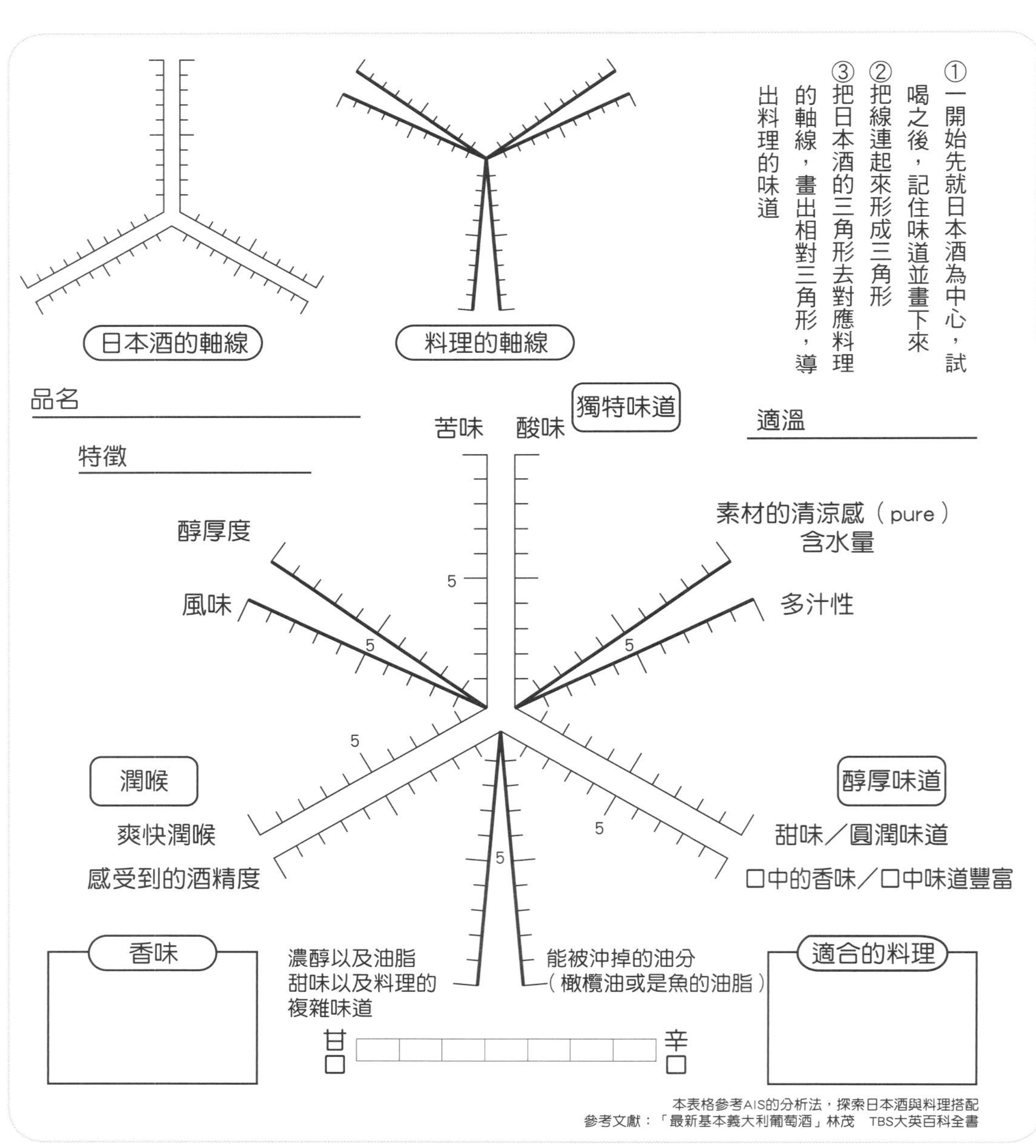

「八海山 特別本釀造 精米步合 55%」

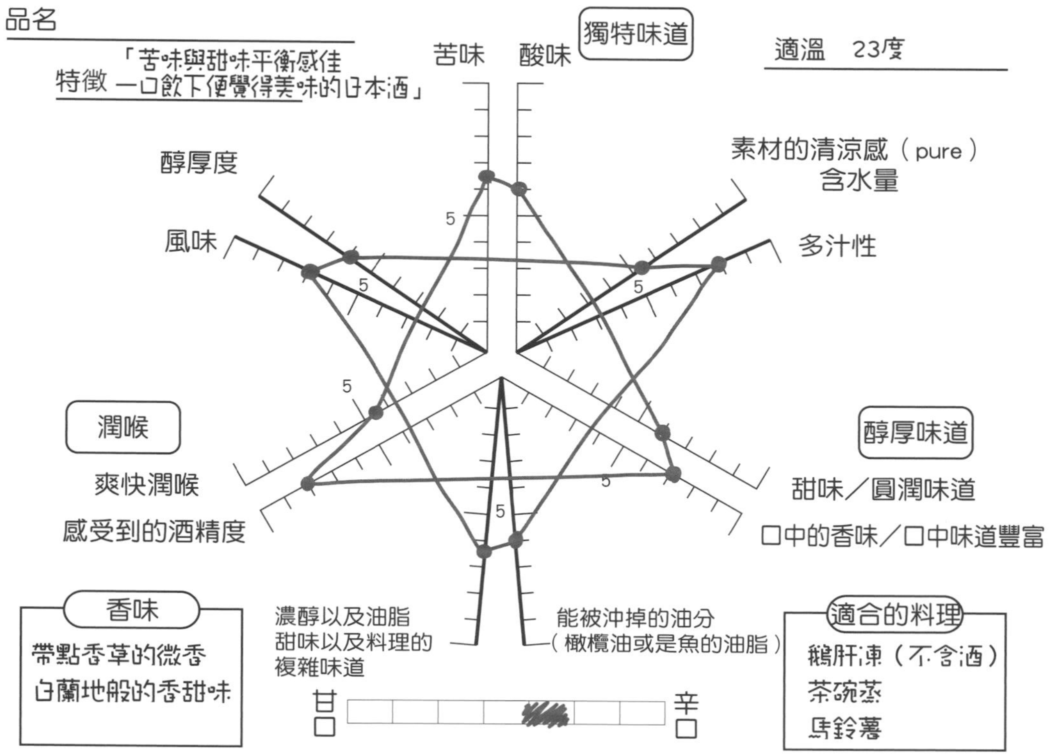

品名

特徵 「苦味與甜味平衡感佳 一口飲下便覺得美味的日本酒」

適溫 23度

苦味 酸味

獨特味道

素材的清涼感（pure）含水量

多汁性

醇厚度

風味

潤喉

爽快潤喉

感受到的酒精度

醇厚味道

甜味／圓潤味道

口中的香味／口中味道豐富

濃醇以及油脂 甜味以及料理的 複雜味道

能被沖掉的油分（橄欖油或是魚的油脂）

香味

帶點香草的微香 白蘭地般的香甜味

甘口 辛口

適合的料理

鵝肝凍（不含酒）

茶碗蒸

馬鈴薯

配合日本酒溫度的料理

上燗（45 度 C）「燉牛肉與干貝及酒粕醬菜搭庄內麩」

溫熱之後散發甜味的原因，所以提升料理的醇厚度。紅酒燉牛腱肉，稍微加強鹽味。上面放上沒有調味過的生干貝以及酒粕。最下面則是炸過的庄內麩。牛肉的酸味和鹽味，與日本酒的甘味中和之後，補上干貝的琥珀酸，咀嚼之後，味道也跟著變化。酒粕醬菜的醱酵香味被日本酒增溫之後，鼻腔深處都能感受到香味。

常溫（23 度 C）「烏魚子義大利麵」

23 度是同時感受到甜味與酸味的溫度。這是生干貝的帶子與鹽和橄欖油混拌之後，添上烏魚子的義大利麵。與日本酒的酸味相反的分是橄欖油，此外，日本酒的醇厚與干貝的琥珀酸的鮮味取得平衡。日本酒的苦味則與烏魚子的苦味攜手，一起構築更醇厚的味道。

第6章 改變未來的地方美食戰略

如果想讓自己居住的地方更有活力，
不妨直接說出來。

引起別人的同感，
找到志同道合的夥伴。

從自己的夢想出發，
轉而為了地方而努力。
志向改變，
身體變得更輕盈。
可是被現實盯住，
心情好沈重。

即使如此，還是不斷向前進，
絕不放棄，
這樣，同伴將會愈來愈多，
終有一天，
一定會迎來令人欣喜的好結果。

共鳴來自話語

我是一個料理人，做料理當然很有自信，但是要把相關內容「語言化」卻也花了同樣多的時間與勞力。

人與人之間能產生同感，是在把想法化為語言後才開始的。

我以前很不會說話，在眾人面前更是口拙。而拜喬治・吉里奧之賜，我才了解，向他人傳達訊息的重要性。

生平第一次接受演講委託時，營業結束後的深夜，我在店裡，對著椅子練習，正因為經歷過那些，才有今日的我。

就連不擅長用言語表達意思的我，都能像現在這樣寫書、演講。所以，只要有心，任何人都可以有好口才的。

而說出來的那些話，日積月累，就是把飲食習慣變為飲食文化的過程。

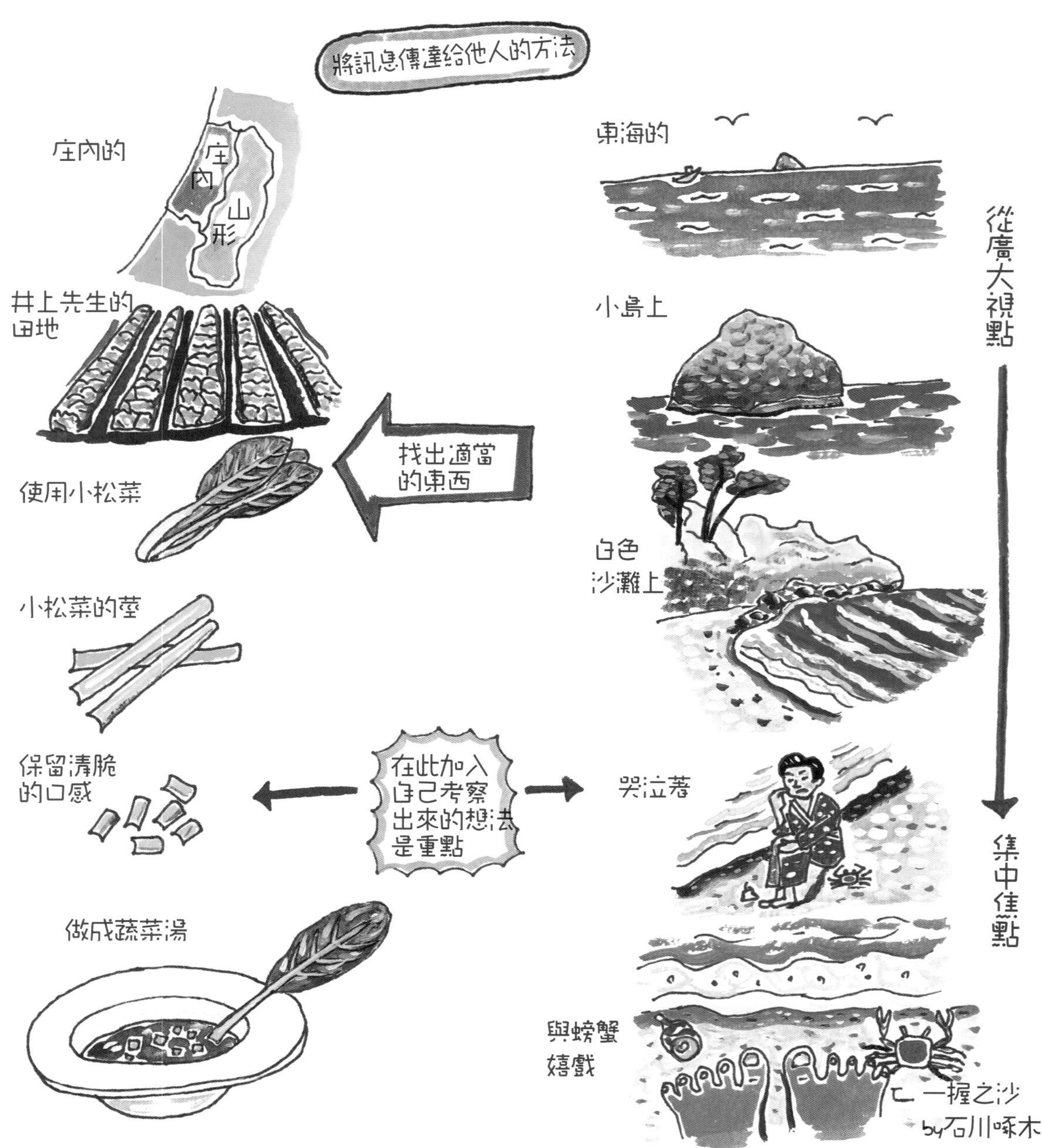

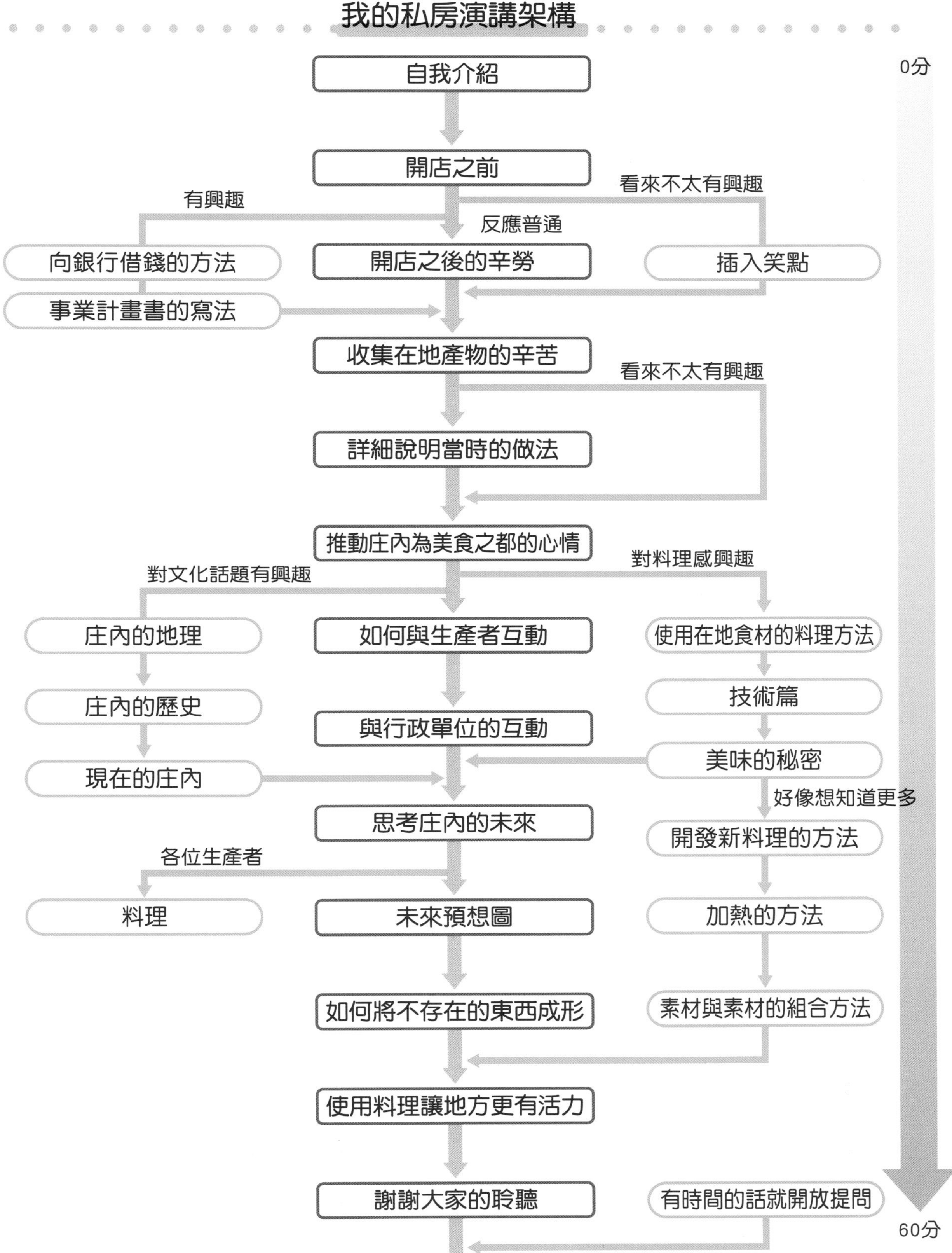
我的私房演講架構
0分
自我介紹
開店之前
看來不太有興趣
有興趣
反應普通
向銀行借錢的方法
開店之後的辛勞
插入笑點
事業計畫書的寫法
收集在地產物的辛苦
看來不太有興趣
詳細說明當時的做法
推動庄內為美食之都的心情
對料理感興趣
對文化話題有興趣
庄內的地理
如何與生產者互動
使用在地食材的料理方法
庄內的歷史
技術篇
與行政單位的互動
美味的秘密
現在的庄內
好像想知道更多
思考庄內的未來
開發新料理的方法
各位生產者
料理
未來預想圖
加熱的方法
如何將不存在的東西成形
素材與素材的組合方法
使用料理讓地方更有活力
謝謝大家的聆聽
有時間的話就開放提問
60分
為了帶動氣氛而中途脫節，最後也一定要帶回到主題

將地方獨特的飲食文化推向世界

～馬利歐・卡地羅（Manlio Cadelo）大使以外國人的觀點，向全世界宣傳日本的魅力，因此特別向他請益。

〔對談〕

聖馬利諾共和國特命全權大使

馬利歐・卡地羅先生

奧田　卡地羅大使對於聖馬利諾的鄰國義大利以及周邊歐洲國家，都有很深的了解，最近也出版了《所以日本才會獲得全世界尊敬》，成了暢銷書，接下來也打算在海外發行。從一個對世界及日本的歷史均知之甚詳的外國人的角度來看，希望能跟我們談談日本地方創生的意見。

卡地羅　我當然沒問題。奧田先生是我的朋友嘛。前幾天去奧田先生老家鶴岡市的注連寺參拜，那是一間非常神聖的寺院。剛好加拿大的電視公司來出外景，我也接受了訪問，令人非常感動的地方。

奧田：謝謝你幫鶴岡市宣傳。記得第一次來我的店裡時，也是剛好從出羽三山回來的時候吧。

卡地羅　我是啊。經當時的市長介紹，吃了奧田先生的料理之後，很驚訝。雖然是義大利料理，但是非常清爽，完全沒有負擔。加入日本式的變化，多樣化的食材，非常驚艷。

奧田　聽您這樣說，非常榮幸。大使造訪日本各地，對日本的歷史與文化都有很深的造詣，過去曾從事記者工作是嗎。

卡地羅　我還是少年時期，就開始嚮往日本，大學就讀法國巴黎第一大學時，也攻讀日本文學，多次到日本來旅行。當了記者之後，以特派員身分，約十年間往來日本與聖馬利諾兩地，之後就在日本定居，已有三十年了。

日本人是世界上與自然最親近的民族

奧田　聖馬利諾和國是非常獨特的國家，在日本的地方自立這一主題上，我在想，是否能找到一些供我們借鏡的地方。

卡地羅　聖馬利諾共和國位於義大

《所以日本才會獲得全世界尊敬》

小學館新書

在阿爾卡契諾開始舉辦研習會，由專家前來授課等，經年累月的研習，彼此關係也更緊密。

二〇一二年時，聖馬利諾共和國任命我為「食之平和大使」，向日本介紹聖馬利諾的食材，在聖馬利諾介紹日本的飲食文化，藉由食物，促進雙方交流。

利中部，面積跟東京世田谷區差不多，人口約三萬六千人，是世界上第五小的國家。西元三〇一年獨立建國以來，不曾擁有軍隊，重視和平與自由。

我們同時也是世界最古老的共和國。現在的義大利在羅馬帝國時期時，聖馬利諾就確立了不受外國支配，以市民為主體的自治制度。一直到現在，市民選出的評議員，行使行政及司法權的政治制度。這種體制也支持著市民的自治自立。所以，每位市民的國家意識都相當高。

聖馬利諾是世界最古老的共和國，那麼，奧田先生您知道日本是世界最古老的國家嗎？

奧田　我不記得學校有教過這個耶，這是什麼意思呢？

卡地羅　西元前六六〇年，神武天皇即位後創造國家，這是日本的開端。打開古事紀或是日本書紀，就看得到這些記載。神話對一個國家而言，是很珍貴的財富。希臘就因為有希臘神話，其歷史在歐洲備受尊重。日本也因為有神話的存在，才會被世界所尊重。

日本這個國家，在二六七五年間，一直維持天皇制度。全世界幾乎找不到第二個這樣的國家。以宏觀的視野來看世界史，日本可以說是世界最古老的君主國家，從一開始到現在都維持同一體制。我覺得就這一點看來，日本與聖馬利諾非常相似。

奧田　原來如此。我完全不知道有這種說法。

卡地羅　還有一點，日本之所以受到世界的尊重，是因為神道的國家精神。日本有個名詞「八百萬神明」認為山林河川裡都有神明存在，這種思想，非常神聖且帶有神秘色彩。我認為，日本人是全世界最接近自然的民族。

對待食物也是如此。帶有「太可惜了」、「我領受了」的心意，對食物生命的尊敬態度。走到食堂一看，日本人在吃東西之前，都會說聲「我領受了」，更有人說時，會在胸前合掌。吃完時也會說「謝謝招待」。

日本以外的民族，幾乎不會這樣做。當然有人會向店員說聲Thank you!或Grazie!（義大利文的「謝謝」），但除非是虔誠的教徒，否則大多數人都是默默的吃完而已。

對日本人而言，因為習以為常，所以從未在意過，但是我剛來日本時，覺得這習慣真的太棒了。日本人是非常有禮貌、尊重自然、愛好和平的民族。

奧田　日常生活中，的確很少人會意識到神道這個名詞。但是，不論哪裡的鄉下祭典，都是從以五穀豐穰向山神致謝以及向大地致敬的活動開始的。

深入思考這些儀式的意義，應該是具有深刻意涵的。若能以此為出發，像聖馬利諾的人民一樣，每個人都帶有支持地方的意識，是最理想的了。對自然恩惠的感謝之心，或許是恢復對鄉土自信的開端也不一定。

二〇一三年時，與卡地羅大使一同謁見教宗，將山形的食材，直接送給教宗。

●馬利歐・卡地羅
出生於義大利。法國巴黎第一大學主修法國文學，並專攻各外國語、語源學。一九七五年起移居東京，從事報導工作。一九八九年起，被任命為聖馬利諾共和國駐日領事。二〇〇二年獲任命為駐日聖馬利諾共和國特命全權大使。二〇一一年，更擔任駐日大使的代表「駐日外交團長」。二〇一四年，在聖馬利諾建造的神社獲神社本廳公認，是歐洲第一座神社。

擁有優食的食材，日本人應該多向全世界推廣

奧田　卡地羅大使對日本的食物有什麼樣的看法呢？

卡地羅　我非常喜愛日本料理。學生時代起，經常在巴黎的日本料理店裡，點炸豬排跟冷豆腐，把納豆放在溫熱的飯上，呼嚕呼嚕吃下去。現在也很喜愛日本的家庭料理，我很會煮「馬鈴薯燉肉」這道菜，但會把肉改成魚，用蔬菜及鮪魚代替。控制甜味所以不加味醂，很好吃。

日本的飲食非常單純，但很好吃。這其實是很難的一件事。

和食成為世界遺產。日本料理中的醬汁也是很單純卻美味的東西。為什麼說這很難呢，因為食材的品質如果不夠好，根本辦不到。

此外，種類還很豐富。歐洲沒有這麼多樣的蔬菜，加了蓮藕、鴨兒芹、茗荷、山椒、蕨草這些有特殊味道的蔬菜之後，就是和食了。

捲壽司也是，星鰻捲中會加入小黃瓜，鐵火捲是鮪魚加紫蘇，可以嘗到蔬菜的滋味，非常纖細的味道。

日本的水果非常美味而且漂亮。還有梨子，歐洲沒有這種梨子，根本沒有比這些還要美味的水果。

奧田　這些蔬菜跟水果，可以跟全世界競爭嗎？

卡地羅　當然。日本人太謙虛了。就算有那麼多好東西，也不會大聲宣傳。不像美國人一樣一直喊自己是第一名。這也是神道的精神。謙虛是好事，但是宣傳也是應該的。世界的人也會因此而開心。

祭典＋當地的美味食材帶來人潮

奧田　本書是以活化偏遠農村為主題，請問您對這個問題有什麼好方法嗎？

卡地羅　能讓更多人來到農村就好了。

義大利的鄉下也有同樣的問題。年輕人都到都會去，鄉村漸漸高齡化，為了防止情況惡化，所以常常會舉辦活動，吸引人潮。像是舞踏會之類的。不像都會那般的競爭，是鄉下的魅力，可以吸引到對此有興趣的年輕人。憧憬鄉村生活的年輕人也一點一點增加中。

日本的鄉下雖然也有祭典，但一年頂多一次或兩次。如果能增加次數，再多多宣傳鄉下地方房子大、有停車位，空氣好，可以放鬆，等等好處。日本的媒體經常報導日本人認真所以陰暗的問題。應該多報導一些開心、又有魅力的內容才是。

我經常前往日本各地鄉下。日本的農村非常美。希望大家都能體會到那些價值。所以，住在當地的人，更應該帶著自信，宣傳自己的地方。

所以，多舉辦一些活動，活動中必定搭配食物。活動要好玩，就一定要跟美味的食物綁在一起。

義大利跟西班牙也是如此，非常多食物的祭典，像是番茄祭、鮮菇祭、馬鈴薯祭、柳橙祭等等。

山形有什麼祭典嗎？

奧田　代表性的有花笠祭。是跳舞的祭典。

卡地羅　跳舞的祭典看過一次之後，隔年應該會想去別的祭典吧。但是，如果那裡有好吃的食物，那麼隔年應該也會想要再去跳舞的祭典，同時吃好吃的食物！

奧田　的確。好吃的東西能把人呼喚過來。那樣的機會，一年可以多製造幾次。

日本各地確實有很多地方的祭典，用看的就很過癮，感受到歡樂的祭典。但是參加那個祭典時，有什麼必吃的食物嗎？好像並沒有這樣的印象。所謂祭典的食物，大概就是到哪裡都一樣的攤販的炒麵、章魚燒或是刨冰。端出有地方特色的食物，這是很棒的意見。

卡地羅　是啊。更何況，每個地方的飲食文化都不一樣吧。

義大利有二十個州，但每個州的飲食文化截然不同。有的州吃生魚，有些州完全不吃。也有些州的人，從未吃過燉飯。因為那裡沒有

種植稻米。

各地料理的調味也不盡相同。所以義大利才會有趣。各地方的食物都不一樣，因為有趣，所以彼此互相往來，鄉下才能活化。

日本也有四十七個都道府縣。即使同在九州，熊本料理跟博多料理以及鹿兒島料理，都全然不同啊。這種地域的個性，是相當重要的。

若希望外國人前來，地方應該改善公共機關的各項標示

奧田　外國人如何看待日本的鄉下？

卡地羅　應該會覺得非常有魅力吧。日本跟世界其他國家都不一樣。所以才會成為外國人憧憬的國家。雖然三一一大地震之後，許多外國人暫時離開日本，但之後海外的觀光客人數急增不是嗎。

我覺得主要的原因是，在那次地震中，日本人尊重彼此、同心協力「以和為貴」，讓全世界都看到了日本人高度的道德心。每個人都很親切而且有禮貌，還有很多從未見過食物。我想有很多人都感受到這個國家的神秘性。

此外，各地還有很多非常有特色的祭典，像是長野的御柱祭。也有很狂野的祭典，也有很多古蹟名勝。請一定要將這些祭典與食物組合在一起。

不過有一點很困擾的地方。系統的問題。其實，外國人不太容易前往日本的鄉下。因為交通機關沒有對應外國人閱讀的標示。

公共設施的標示也很奇怪，雖然到處都有派出所，但只有寫著「KOBAN」，外國人讀了也不知道這是什麼意思，但如果寫著「POLICE BOX」，這樣大家都會懂了。

還有道路以及車站的導覽，最起碼希望道路名跟車站名能有英文標示，會更便於外國人前往。

再過幾年，東京就要舉辦奧運。這是日本向全世界大大宣傳的好機會。各地方如果希望招徠觀光客的話，英文的標示是一定要做的。

奧田　確實如此。我的店也沒有外國人的對應政策。應該要馬上規劃的。

卡地羅　此外，食物的包裝標示也有修正的必要。比如在便利商店，以為買到的是水，結果一喝是日本酒，對看不懂日文的外國人而言，是極有可能發生的事。和風的食材以及漢藥等，盒子背面標示的電話號碼，有些也是寫漢字。這樣的話，大概只能看得懂「〇（零）」。最起碼也要能讓大家看懂這是什麼的標示。如果有英文的話，外國人起碼會覺得，這牌子對外國人很親切，光這樣就足以產生好感了。好吃的話，下次就會專程去買，還會推薦給其他人。光是這樣，搞不好就能影響伴手禮的銷售量。

奧田　看來還有很多的問題有待解決呢。不過也讓我們明白，地方還藏有很多的可能性。感謝這些寶貴的建議，馬上就與大家討論。

卡地羅　請加油。下次還會要去吃你做的料理哦。Grazie, Grazie!

以餐廳為入口，向海外推銷日本的食材

至目前為止，我曾在八個國家的數十個各式活動以及嘉年華會上製作料理。

剛開始時，光是為了把活動辦成功，就精疲力盡。但多辦幾次之後，我開始想，「花了這麼多的機票錢，帶著生產者們的食材，一定要做出與各位的努力相對應的成果才行。」

二〇〇九年，參加在西班牙舉辦的食物研討會時，大大地行銷了山形縣米「艷姬」。希望「艷姬」能夠輸出海外，所以我認為必須把米放在餐廳裡。

那時我想到點子是，把米裝在寶特瓶裡。一來可以清楚看見裡面裝什麼，放冰箱裡拿進拿出都很方便。而且還做了有背帶的寶特瓶，方便攜帶。

抵達西班牙的會場之後，我馬上找尋米其林三星主廚。在那裡遇見的是西班牙非常有名的主廚馬丁．貝拉薩提。打過招呼，我拉著他的手到日本的展區，跟他說「有東西想讓你試吃」，首先讓他試吃用艷姬米做的焦香醬油炒飯，以及用柚子做成醋飯的壽司。

貝拉薩提主廚開心地說「真好吃」。

於是我拿出米表示要送給他。「真的嗎？」貝拉薩提開心地把那瓶米揹在身上。

因為是西班牙有名的主廚，當天西班牙的電視台全程跟拍。

心情大好的貝拉薩提，就一直背著艷姬，跟我在會場走來走去。

作戰大成功。

西班牙國內電視台當然播了這個畫面，山形電視台也有隨行採訪，所以縣內當然也有播出。

三年後，我參加在西班牙馬德里舉辦的國際美食博覽會時。

為了採購食材，前往馬德里市內的日本食材專賣店，在那裡，看到了艷姬米。

「艷姬出口到西班牙了！」

開心地感覺身體都在發抖了。

雖然不知道這跟我把米送給貝拉薩提一事有沒有關連，但是一定是累積了這些小事，才促成這個大的轉變。

二〇一五年我也要參加義大利的米蘭博覽會，我已想好接下來的作戰計畫了。

山形還有一個特產是達達茶豆，我正計畫著，如何讓全世界認知到，這是「全世界第一名的毛豆」，並且想要進口到自己國內。

因此，以鶴岡市的攤位為舞台，將適合出口的乾燥達達茶豆，以

在海外舉辦活動的心得

國際活動的會場通常很大，而且進出人數也很多，但是可供製作料理的空間以及器具都很有限，可以使用的食材也有很多限制。以下就是克服這些問題的訣竅。

●掌握會場環境

最早進入會場，各個角落都走一圈。這是不被會場氣勢壓倒的小小魔法。

●丟棄日本的常識

在日本理所當然的常識，在國外不見得適用。首先，要有不論發生什麼事，靠智慧做料理，這樣的氣概。曾經在沒有平底鍋的情況下，用烤盤做燉飯的經驗。被拜託做鮪魚的解體秀，開場之前才運到的鮪魚還是冷凍的狀態。

●只相信自己看到的事物

訂的〇〇怎麼還沒有來？何時才會送到？這是常常會有的事，預定就是未定，不要以為所有事情都能照著預定進行。

及灑上松露鹽的茶豆，在會場供人試吃。此外，在摘星的高級餐廳Trussardi裡，將阿爾卡契諾的經典料理「達達茶豆與蝦子燉飯」，改用義大利食材的長臂蝦，端出待客。展現達達茶豆也能與當地食材組合，使用便利的特點。

另一個則是要將山形的鄉土料理「芋煮」◎，塑造為世界標準和食的目標。

現在，海外的日本料理店急速增加中，因此我計畫在那些店裡開賣「芋煮」。所以將芋煮的所有食材也一併送過去。在海外做一個山形店的概念。

前往米蘭博覽會的成員各自分工，把裝在真空包裡的芋煮送去日本餐廳，請餐廳的人試吃，再拜託對方能否把芋煮加進菜單中。如果對方同意的話，就當場在店內釘上寫有「YAMAGATA IMONI」（山形芋）的木牌。

到目前為止的事前調查，已經有不錯的反應。想必這本書發行的同時，就有好消息可以向大家報告了。

料理跨越國境以及語言的障礙，滿足每個人的心。

同是料理人的話，就能理解這個意思。透過餐廳，在海外各個街道上，做出通往山形的入口，在那裡開始交流。

在全世界製造對山形食材的需求，這跟我以庄內為據點，在國內所做的，是一樣的事。

1 揹著艷姬米的貝拉薩提。 **2**在日本駐西班牙大使館的宴會中做了芋煮，大獲好評。照片中的男性連添了五碗。芋煮裡含有可構成「美味」的所有元素，當然老少咸宜。這些元素有鹽味、糖分、鮮味、脂肪、焦香味以及獨特口感的「蒟蒻」。 **3**義大利的日本料理店裡，幫我們掛上的看板「山形芋煮」。推動芋煮成為日本和食標準的作戰，就全託付在這塊木板上。 **4**我的料理人生中最驚險的一次。在越南舉辦的國際交流活動上，原本要舉行鮪魚解體秀，可是主辦單位準備的鮪魚仍是硬梆梆的冷凍狀態。因為切不下去而婉拒，但主辦單位死命拜託，只好在開始之前拚命用溫水解凍，最後只有魚肚周邊部分解凍，從那裡下刀，總算完成解體秀。端出鮪魚握壽司時，全場沸騰，還得出動機動隊來維持秩序。最後全場一千兩百人全部起立鼓掌，結束這場活動。

●料理人沒有國界

到別國的攤位幫忙，料理人彼此友好，他們也會在有需要時分食材給我們，或是來幫忙。

●在國外，以和食為基本來料理

雖然在日本國內是洋食的主廚，但是起碼要會做壽司、天婦羅以及手打蕎麥麵。到國外時，客人期待的是「日本的味道」。

●用素描簿來跨越語言的障礙

同為料理人，只要懂法語的料理用語，全世界的料理人，大概跟誰都能對話。在素描簿畫圖或是比手畫腳，一定可以把意思傳達給對方。

●讓人一眼就知道是日本人

在海外的話，女性就是和服，男性則是法衣或是羽織褲，穿著日本的服飾。

●正因為是在國外，才能發揮地方特色

當地獨創的食材，到國外時，便威力無窮。因為是全世界唯一，所以具有魅力。

◎譯註：使用里芋、牛肉或豬肉、蒟蒻、蔥等蔬菜煮成的湯，依地域不同，用味噌或醬油調味。

感 謝

本書所寫的，是我在二十五歲回到庄內後，這二十年間所學到的事情。高中畢業以前所住的家，曾經是生意興隆的休息站餐廳。父親曾經夢想著要把那餐廳改建成飯店，但父親諮詢的經營顧問，卻冒用父親的支票，害得我父親債台高築，餐廳的經營也無法重整。二十一歲時，家裡的負債不斷膨脹，最後店面跟住家都被拍賣。那時我已經在東京學習料理。父親曾是非常優秀的料理人以及經營者，因此我想以料理人的身分，為父親重整家業。但是房子被拍賣後，我失去了可以回去的據點，一時之間不知何去何從。那時，幫助我們奧田家的，是鶴岡市的債權人。在東京努力學藝之後，二十五歲時，決心以料理來回報鶴岡，因此回到故鄉的飯店工作。

那時我有的，只有最愛的料理跟龐大的負債。唯一能從龐大的負債壓力中解放，就是做料理的時候。被人世間的現實，壓得快要窒息時，我遇見了山澤清先生，一位從事完全無農藥栽培香草、蔬菜以及鴿子的養殖者。跟走到瓶頸的我不一樣，山澤先生決心要養殖日本第一的鴿子。總之他要做的事都是破天荒，但往往聽完之後，都能心悅誠服。我喜歡跟山澤先生聊天，一有什麼事就會去找他。但要跟得上山澤先生所說的內容，需要預習與複習。隨便敷衍的話，馬上就會被看穿。所以我也拚命地學習，不知不覺中，大自然的循環、地球的運行之道，與我的料理有了一些連結，我看到了料理的本質。之後，心中也萌生不要放棄人生的心情。聽了山澤先生還在當料理人時代的故事，我模仿山澤先生的做法，之後就被拔擢為飯店料理長。接下來，被外派當農家餐廳的料理長。雖然負債還在，但是在前輩以及地方銀行的協助下，開了自己的餐廳。開幕之前，山澤先生對我說「如果你的店倒了，這裡所有料理人的夢想都會破滅。所以你的店絕不能倒。接下來半年，我會供應你鴿子，你就用這鴿子做出店裡的招牌料理。」沒多久，阿爾卡契諾的生意興隆，我要支付山澤先生這半年來鴿子的費用，結果山澤先生回我：「我不要那種東西。」我每晚都在想，該怎樣才能回報山澤先生的恩情。最後我想到的是，將庄內打造成山澤先生所描繪的、讓所有想要從事理想農業的人都能安心生產的社會。回報奧田家的恩人──鶴岡市及山澤先生的心情，是我從事這些活動的原點。如果庄內被稱為美食之都的過程，是首部曲的話，與農業工作者山澤先生共同摸索日本農業與餐廳的新型態，則是從現在開始要寫的二部曲。人類也是地球循環一部分，以山澤先生所提倡的更多有機（more organic）的實現為目標，持續挑戰。

從想寫這本時代所需要的書到得以出版，花了五年的時間。在這之間，要感謝持續拍攝我的料理的長谷川潤先生、將我腦中的想法化為圖畫的宮崎健介先生，以及當我想把在共同通信社「生活的智慧」中的連載集結成書、就立刻同意的總編輯小泉泰紀先生，還有一起採訪的加藤真紀子女士，以及協助書籍製作的各位。我這個老是忙著料理不回家的老爸，家人也不因此而把我丟掉。真的非常謝謝大家。最後，我最想把本書送給我的工作夥伴們。希望各位的弟子，將來也能使用這本書。雖然書裡是我現在的想法，未來會有不一樣的變化也不一定。那時就請各位好好訂正、說明，加以應用、發揮，開創各位的、以及日本的未來。

感謝在人世間協助我的好友們以及料理，謹將本書獻給你們。

2015年10月15日

開心享用美味日本！
阿爾卡契諾 首任主廚　奧田政行

我的恩師山澤清先生，他讓我認識到順應地球的循環而生所能獲得的富足。在 2015 年合影的農園裡，他所栽種並自行採種的日本蔬菜共有 518 種，算得上是蔬菜的博物館。